在哈佛遇见更好的自己

9位哈佛学子的人生精进课

周胡峰 高上知 主编

李琦 等 著

北京时代华文书局

图书在版编目（CIP）数据

在哈佛遇见更好的自己 / 周胡峰，高上知主编 ；李琦等著 .
-- 北京 ：北京时代华文书局，2017.12
ISBN 978-7-5699-1903-5

Ⅰ. ①在… Ⅱ. ①周… ②高… ③李… Ⅲ. ①成功心理－通俗读物 Ⅳ. ① B848.4-49

中国版本图书馆 CIP 数据核字（2017）第 280379 号

在哈佛遇见更好的自己

ZAI HAFU YUJIAN GENGHAO DE ZIJI

主　　编 | 周胡峰　高上知
著　　者 | 李　琦　等

出 版 人 | 王训海
策划编辑 | 胡俊生
责任编辑 | 周连杰　余荣才
装帧设计 | 迟　稳　王艾迪
责任印制 | 刘　银

出版发行 | 北京时代华文书局 http://www.bjsdsj.com.cn
北京市东城区安定门外大街 136 号皇城国际大厦 A 座 8 楼
邮编：100011　电话：010-64267955　64267677
印　　刷 | 固安县京平诚乾印刷有限公司　0316-6170166
（如发现印装质量问题，请与印刷厂联系调换）
开　　本 | 710mm×1000mm　1/16　印　张 | 16　字　数 | 201 千字
版　　次 | 2018 年 5 月第 1 版　印　次 | 2018 年 5 月第 1 次印刷
书　　号 | ISBN 978-7-5699-1903-5
定　　价 | 45.00 元

目 录
contents

哈佛，永恒的盛宴

李琦

如果说，巴黎是海明威心中永不落幕的流动盛宴，那么，我内心也有一个，那就是无论我今后走到哪里，投身于什么事业，哈佛生活都会像阳光盛宴一样留驻在我的心间。感谢哈佛，你给了我勇气和翅膀！

——李琦

李琦 北京人，曾任哈佛大学肯尼迪政府学院中国学生学者联合会主席，北京新东方北美部教师。经济学本科毕业后开办“李琦英语培训中心”，从事英语教学和留学申请咨询工作。2012年考入哈佛大学肯尼迪政府学院就读公共管理专业。在此期间，她曾在美国众议院国会议员赵美心办公室工作，负责美国亚裔青年领导力培训；也曾在中国国务院发展研究中心及国家开发银行国际合作局实习；2014至2015年在哈佛大学艾什民主与治理研究院任院长Anthony Saich教授助研；2013至2015年任哈佛商学院Chris Marquis教授助研和哈佛商学院案例撰写者。目前，她是康奈尔大学商学院在读博士，研究重点是企业社会责任、慈善和全球化战略。

“拥有思考的自由，拥有承受的耐心，前所未有地勇敢生活，当世界在真理的潮流中悄逝时，不要让覆满苔藓的过错绊住你，做光明使者，做爱的旗手……”（With freedom to think, and with patience to bear, and for right ever bravely to live. Let not moss-covered error moor thee at its side, As the world on truth's current glides by. Be the herald of light, and the bearer of love……）这首在毕业典礼上唱起的哈佛校歌，经常回荡在我耳边。

哈佛肯尼迪政府学院负责领导力课程的教授海菲兹·罗纳德（Heifetz Ronald）在最后一课上对我们每一个肯尼迪政府学院毕业生说：“你们每一个学生脑门上都刻着一个H，那就是哈佛。当你回到了自己的祖国，你以前生活的地方，人们都好奇地问你在哈佛大学学到了些什么？你如何来回答？你去跟周围的人们分享你学到的知识吗？你不要带着喇叭回到家乡，你应当告诉他们：我们学会了能够比以往更好地聆听。”[“When people ask you what did you learn from Harvard? How you answer it? As you are now stamped a huge H（Harvard）, Don’t get back with your trumpet. I listen better than never before.”]

还有一个声音经常在我耳畔回响，是由一位了不起的女性——德鲁·吉尔平·福斯特（Drew Gilpin Faust）所说。她自2007年7月1日起担任哈佛大学校长，创下了多个显赫的纪录：哈佛大学历史上第一位女校长；全美国第五位担任常春藤盟校校长的女性；自1672年以来，第一位不是哈佛本科或者研究生毕业的校长。她在我们的毕业典礼中说：“今天下午我们列队行进经过的那座雕像，它不仅仅是代表个人的纪念碑，更是代表一个不断自我更新的社区和机构的纪念碑。你们今天坐在这里，就代表了一种对于哈佛这个社区和机构的认可。这种认可，也是你对于哈佛驱使你超越自我、惠及他人的感召力的认可。”她鼓励道：“走进校门来增长智慧，离开校门去更好地服务你的国家和你的同胞。今天，我们约有6500名毕业生将走出校门，愿你们每个人都记得服务的使命。”

诚哉，福斯特校长之言——在哈佛学到的绝不仅仅是知识，而是智慧和使命！

收到哈佛大学录取通知

我永远清晰地记得那个日子：2012年3月16日。那天我在华盛顿机场转机飞往意大利米兰参加一个春假欧洲艺术管理课程。由于前一天在波士顿考驾照时路考未能通过，我还沉浸在由此带来的郁闷之中。当我无聊地在机场候机，信手翻阅手机邮件时，一个字母标题醒目地映入眼帘：祝贺（Congratulations）！接下来的内容让我内心的郁闷一扫而光。

Dear Qi：

Congratulations! I am pleased to offer you admission to the Harvard Kennedy School as a member of the Two-Year Master in Public Administration (MPA) class of 2014. My colleagues and I very much hope you'll join an exceptional group of people by answering the echo of President John F. Kennedy's call to "ask what you can do"……（亲爱的李琦：祝贺你被哈佛大学肯尼迪政府学

院两年制公共管理专业录取。我和我的同事期望你能够加入这样一个杰出的群体来响应肯尼迪总统“问问你能够做些什么”的号召……）

那一刻，我的心情马上由阴转晴，感到命运已向我敞开了一扇新的大门，让我有了新的憧憬。

在哈佛大学，肯尼迪大街79号那幢红赭色教学楼前，一直迎风飘扬着校训旗帜，上面写着“Ask What You Can Do”。我并非一开始就读懂了它的丰富含义，而是靠着时间的积淀，突然在某个瞬间，感到自己懂了。它让我常读常新，感受到一种平静的智慧和力量：肯尼迪总统说的这

句至理名言“不要问你的国家能为你做些什么，而要问问你能为你的国家做些什么”，让我感到了我来到哈佛的意义所在。

哈佛肯尼迪政府学院已有80年的历史了。她诞生于1936年，原来叫哈佛大学公共行政学院，1966年为了纪念肯尼迪总统而更名为肯尼迪政府学院。这是哈佛大学历史上第一个以个人命名的研究生院。学院提供四种硕士学位项目：两年制的公共管理、公共政策、公共管理国际发展和一年制梅森学者项目。我就读于两年制公共管理MPA项目，申请这个专业需要一个硕士学位和4年工作经验。

肯尼迪政府学院有一个著名的艾什民主与治理中心，和中国学者、政府官员前来接受培训紧密相连。我的导师安托尼·赛奇（Anthony Saich），是肯尼迪政府学院校委会主席，也是艾什民主与治理中心的主任，是个深具影响力的中国公共政策问题专家。安托尼教授开创了肯尼迪政府学院与中国政府及高校的学术思想交流，这包括中国公共政策项目——新世界学者项目，每个学期有4名中国的高层官员来参加这个项目的中长期培训。拉贾瓦利（Rajawali）项目让中国高校教授、博士生和行业精英来哈佛大学游学。

对一段往事的回忆

追溯起来，我与哈佛大学的因缘并非从2012年3月16日开始，而要往前再推早好几年。当年有一部影片《风雨哈佛路》（*Homeless to Harvard*）对我的影响很大。我就是看了这部电影，激起了哈佛梦。哈佛梦给了我新的人生路标。为了向这个路标挺进，我开始尝试在北京办英语

培训班，靠办班攒学费来为留学打下经济基础，做好去看看外面世界的准备。然而，实行起来后我才知道，哈佛梦是多么地遥不可及。

我至今无法忘记，在大学毕业之后我曾经去高中母校应聘英语老师的经历。当时，那里的一个领导听完我的介绍，得知我是一个不知名大学毕业生时，语带讥讽地跟这所北京市重点高中校长说："李校长，你听说过这所大学吗？哈哈……"结果，他们连面试的机会都没有给我，当时我很难过。但是，他的讥讽并没有让我彻底沮丧，相反激发了我的进取之心。如今回头想想，我也挺感激这样的嘲笑过我、拒绝过我的人们。我知道，社会是讲求实际的，任何人都不能巴巴地期盼他人对你的态度好，要想获得尊重，唯有提高自己的实力。后来我在新东方讲授托福英语，在哈佛大学活动中致辞，在美国国会青年亚裔领导力培训中发表演讲，我都情不自禁地与大家分享这一段心路历程。我心中真的充满着对所有激励过我、帮助过我成长的师友、甚至“对手”的感激。

影片《风雨哈佛路》的剧情至今仍历历在目。它讲述了哈佛学生莉斯·穆瑞（Liz Murray）的亲身经历。

莉斯，1980年出生于美国纽约，因父母吸毒，八岁就开始乞讨，在毒品、艾滋病、饥饿充斥的环境中度过童年。她在学校饱受同学的嘲弄和欺凌。15岁那年，她的妈妈死于艾滋病，爸爸后来也去世了。她流落街头，靠捡拾垃圾、偷东西为生。在她埋葬了妈妈的骨灰盒那一天起，她意识到，尽管妈妈永远不在这个世界上了，但生活不能停滞不前。于是，小小年纪的她痛改前非，决心改变自己的生活。她去了曼哈顿一家规模很小的社区公立中学，在那里拼命地学习，取得各科名列前茅的成绩。她的老师带着前10名的尖子生去波士顿参观哈佛大学，当她站在哈佛大院（Harvard yard）合影的时候，那一刻的美妙让她意识到：“你和别人之间没有什么区别，你唯一要做的就是工作”；而生活不为任何人停留，你的生活就是现在。她用两年时间完成了高中4年的学业，在2000年秋季竟然被哈佛大学录取，并获得《纽约时报》奖学金，被评为“美国当代杰出年轻女性”，受到时任美国总统克林顿的接见。她说：“你不是必须待在你现在所在的处境里，如果在你生活中有一些东西让你退缩，你必须知道那是什么。”“当你不知道它是什么，你不能决定是否有能力做你想做的事情的时候，你一定要去做它。”

生活就是一个奇迹。莉斯让我感悟：生活不会等待任何人，你的生活不是以后，而是现在，眼下，你的行动！

我们大多数人比莉斯的生活要优越得多。当这位无家可归的流浪姑娘都能执着地追求自己的梦想并努力去实现时，我们还有什么理由可以荒废梦想，浪费时间呢？

在上大学的时候，我就一直向往去美国学习，但这种向往对于我这样一个普通北京女孩来说，并不是轻而易举就能够实现的。我必须努力，必须迎难而上。北京爆发重症急性呼吸综合征（SARS）那年，很多学生停课在家复习功课，而我当时在北京一所由加拿大投资创办的学校做英语老师。学生们都放假回家了，我自然也赋闲在家。很多家长都为孩子们闲在家里着急，毕竟中考高考还是要继续啊。由于当时我给社区居委会做过“迎奥运学英语”的志愿者老师，每周末在周围社区给大爷大妈讲一些基础英语。小区很多叔叔阿姨见我教得认真，纷纷托我给他们的孩子补习英语，所以就在SARS爆发的那个时期，我先后辅导过30多个学生。在SARS结束的时候，有个学生进步很快，中考英语成绩获得119分（满分是120分），被重点中学北京四中录取了，我为此感到非常欣慰。当我在小区里成为大家公认的英语老师，我自己总结倡导的英语分项式学习方法也得到了推广，很多准备中高考的同学通过这样的英语训练而取得了很大进步时，我深刻地体会到，通过自己的努力为他人节约了时间和帮助他人进步，也能让自身收获身心愉悦。

在坚持做社区英语培训6年之后，我心底渴望去美国深造的梦想越来越清晰，也越来越强烈。尽管每天忙忙碌碌有很多课程和管理工作需要我去做，但我还是将有限的休息时间用来准备美国研究生入学考试（GRE）和托福考试。说实话，当时存在着很多不确定因素。人在很多不确定因素下要能够眺望到未来，看到前路的光明，这很重要。我从初中时期就养成一个习惯，即经常迎着曙光跑步，在工作和准备考试的日子里我依旧早早起床迎着朝霞跑步。当阳光洒在脸颊上，我披着霞光大步大步跑着，很多烦恼似乎都被晨风吹走了，心中只有这样的信念和感悟：坚持，坚持，再坚持，即使一时看不清楚未来的路和结果，但我坚持自己内心的信念，相信能够实现梦想，相信自己可以改变命运，有着不一样的明天；然后就是谦卑——只有虚心聆听他人，向周围人学习，自己才能够进步，一个装满水的水杯是装不进更多水的；之后就是爱，我们不仅要爱自己爱父母，爱朋友和爱自然，这个世界因为爱而转动。

哈佛大学的选课制度

在哈佛大学，开学第一周，所有课程的老师都忙于在一个固定时间段“兜售”自己的课程。我们叫作课程兜售日（Course Shopping Days）。通常，他们都会利用这段时间，面对面地给学生介绍课程的主要内容、内容设置、平时阅读和作业考试要求，等等，以此和学生们进行首次沟通，并且期望更多的学生报名学习他们的课程。热门的几个课程，譬如海菲兹·罗纳德（Heifetz Ronald）的“领导力的实践”“火线领导力”、布瑞恩·曼德尔（Brain Mandell）的“谈判分析的基础”，以及史蒂夫·贾丁（Steve Jarding）的“总统竞选”等课程，在兜售的时候就备受追捧，同学们都已经坐到过道和地板上了。

哈佛大学各个学院都有一些特别受欢迎的课程，每次选课时都人满为患。很多同学纷纷给老师写信、给助教施压，都是为了能够谋得一席座位。可是，学校要保持上课机会的公平均等。怎么办呢？为了解决这个问题，学校出台了一个课程竞标系统（Course Bidding）。在这个系统内，大家遵守共同的规则。谁选上了，是通过公平投标而得；选不上也没有怨言，因为你出的分数没有别人多。这个课程竞标系统的核心是看谁出的分数多，谁就优先进入该课程。我们第一年，每个同学都有800分用来投注自己特别想上的课程，如果你有两门特别想上的课程，你就必须做决策选择其中之一。因为如果“筹码”分散投在两门课程上，很可能哪一门都进不去，只能集中分数投注在一门课程上。我们的人生何尝不是如此呢？生活常常需要我们有所取舍，而在哈佛大学经历的第一次选课，让我体验到了哈佛大学的民主。在哈佛大学的第二年，我很荣幸地选上了哈佛大学最热门课程：海菲兹教授的“领导力”。这门课程彻底改变了我过去的社交思维方式和对待组织内部人与人之间关系的看法。它的内容和专有名词，在毕业之后，我还会和各届毕业生们提起，并分享由此而共同收获的思想结晶和趣事话题。在课堂上，我曾经看到一个学生站起来向海菲兹教授表示感谢，说他的爸爸在20年前也在海菲兹的课堂上听过这门课，并且是他向女儿推荐的。

在选课过程中，学校会根据各种课程历年在学生中的反馈调查及打分情况来提供一些数据，供后来的学生们作选课参考。譬如，“数据显示”这门课程平时作业量怎样，阅读量如何，课程内容特色是什么，以及上这门课程的整体强度如何，等等，信息非常详细。哈佛大学的学习风气特别好，上一届同学热心带领新同学，我们还可以选择自己喜欢的教授来做我们在校期间的指导教授（advisor）。我很庆幸，我的指导教授是中国问题研究专家安托尼·J. 赛奇（Antony J. Saich）教授。他的教诲和指导让我在自己热爱的学术领域有了更多探究和实践的机会。我在读博士阶段的研究领域是企业社会责任，和安托尼教授关注的中国公益慈善问题是一个方向的。

哈佛大学学习和时间管理

刚开学的日子，我总是苦恼于时间不够用，课前需要准备的论文和阅读书目繁重得像一座大山压胸，压得我透不过气来，许多诱人的学术讲座和名人论坛无暇顾及，对一些同学聚会更是累得只能“羡慕嫉妒恨”。两个星期下来，我感觉到生活变得非常混乱，每天都在疲于奔跑。上课、小组讨论、研讨会（Seminar）、作业、总统演讲、同学生日……我很郁闷，为什么西方同学举重若轻，洒脱得很，似乎什么活动都能参加，各种聚会（party）也不会错过，我为什么忙得喘不过气来呢？有一天，我忍不住向高一年级的学生顾问、来自阿根廷的玛丽娜（Mariana）诉苦。她热情地让我看了她存在电脑里的日程安排：哇，红红绿绿一片，什么课程啊，助教工作啊，学生会主席竞选活动日程啊，还有和不同人喝咖啡、吃午饭晚饭啊，等等，都安排得有条不紊；即便有个周末早午餐（Brunch），也是提前两三周就排好计划约定好了。每天什么时候参加哪里的讲座，她对感兴趣且愿意去的项目也一一详细地记录。这一看，对于当时的我来说可谓“震撼”——谁也没有更多的时间可以挥霍，时间有序利用才能取得高效。记得那个“闲聊”的夜晚，我应她的邀请参加了在哈佛广场格拉夫顿街（Grafton Street）的聚会。在那家HKS同学常聚会的地方，玛丽娜热情地张开双臂欢迎我，还介绍我认识周围的拉美同学。懂得了“时间管理”，我的日子就渐渐从容起来。几乎每个周六，我与几位女生都约好去Peabody楼下球场踢足球呢，那可是很抢眼的事情，尤其是女生踢足球。

我感受到，哈佛大学充满了智慧和正能量，置身其间，你的生活方式往往在某一点被某个人的一句话提醒，就发生改变了。我的一个台湾同学曾经对我说：“有些学习的内容可以放在以后再看，可是同学共同生活学习的经历一毕业就不存在了。所以一定要珍惜和同学们相处的时间。”这句话看似普通，但我现在却意识到他当时的想法多么超前，多么具有预见性！在我们反复被各种课程历练的时候，这位本科毕业于斯坦福大学的同学轻松地和我们分享他为什么有时间参加各种活动聚会的朴素思想。我们毕业的时候，教我们“领导力”课程的教授海菲兹也曾经说过：“你们看看几年之后你们同学间还有谁在相互联系。这，才是最重要的。”

我记得万科公司董事长王石分享他在哈佛大学的学习经历时说过，“其实我在哈佛的第一年几乎处于崩溃状态。课程刚开始的时候是一片茫然，根本不知道教授在说什么。”“整个学习过程非常辛苦。”“这一年眼睛都看坏了，不停地耗损，散光非常严重。”“那时候真的觉得在哈佛每天都是煎熬，每天都在盼着星期六。因为到星期六就可以睡懒觉了，最糟糕的是别学无所成，再把身体累坏了。”其实，我对王石描述的处境有切身体会。这些都很真实，任何哈佛学子，只有让自己过得更加有效率，才算是真正地适应了哈佛的节奏。

对于比较专注学习的中国籍学子来讲，参加丰富多彩的讲座啊、活动啊和各种同学聚会，是需要较强的时间平衡能力和思维设定的。我们班有个法国姑娘艾丽克丝（Alix）曾在麦肯锡咨询公司做项目经理。她平时学习非常用功，每次遇到她，不是在图书馆，就是在教室或在去往图书馆和教室之间的楼道里。但她居然还经常组织活动，什么万圣节聚会、感恩节出游、去俄亥俄州总统竞选做助选志愿者，还有以学院名义组织的各种学习交流活动。一天我在学校楼道里看到她坐在沙发上吃饭，不禁好奇地走过去，问她为什么这么高效地学习和生活。她说，她只安排周一到周五学习或工作，周五晚上和周末铁定是“属于自己”，只做自己喜欢的事情，不允许自己在这个时间做任何专业上的阅读和作业。既然给自己这样规定死了，那她必须充分利用好周一到周五的时间，绝不拖拉，确保周末过上自己想要的放松生活。她在HKS Forum里一边吃午饭一边跟我说这些的情景，我至今仍记忆犹新。我记得自己当时傻傻地用三脚猫的法语跟她说了句“Merci pour votre partage ”（非常感谢你的分享）。

其实，我们每个人除了拥有银行账户，还要开一个时间账户。上帝给予每个人的时间是公平的，你得好好支配自己的时间，提前给自己设定好每星期多少时间用来学习，多少小时用来听讲座，多少小时用来和同学们社交（social）,以及多少小时花在健身上，多少小时胡思乱想，等等。然后心安理得地去参加聚会，因为你觉得自己有时间预算（Time Budget）。你需要在自己约定好的时间内完成你的阅读任务，即使没有全部读完，也应该看总结性的句子。这样才能在短时间内产生效率。不能想着反正自己还有一个周末，这个事情可以明日复明日地拖延。拖延是一种病，对学生而言后果尤其严重。哈佛大学是高材生集聚地，多才多艺的同学很多，我认识一个读本科两年级的美国同学沙若龙。他中文说得特流利，曾经和我一起搭档主持哈佛春节联欢晚会。在晚会中我们不仅做主持人，还一起表演小品，他说唱的快板赢得了中国观众的阵阵掌声。他的才能也得益于他的时间

哈佛春晚主持人：作者（右二)和沙若龙（Roland Salatino 右一），关成贺（左一）

管理。

在哈佛大学学习期间，我有两个重点。第一是要专注（Focus）。一旦有了目标就要向前进，所有事情都要围绕着这一个方向去做，不要把精力分散在无关的事情上。所以在每个时间段我都会设计一些专注点，譬如说找实习单位，申请攻读博士，组织哈佛学生的“中国之夜”活动，策划哈佛学子参加中国之旅社会实践，等等。其实在实践这些目标的过程中会遇到很多干扰，譬如各科的作业、阅读资料、校园社交聚会和自己感兴趣的讲座，等等，都会来争夺自己的时间，将整段整段的时间打散了。怎么对付？自己要有所取舍，想清楚自己最想实现的目标是什么。第二点是把事情做完（Getting Things Done）。这是关键。我来哈佛之前看过戴维·爱伦（David Allen）写的书《把事情做完》（*Getting Things Done*），很受启发。很多人想法挺多，但是行动力不够，所以事情总被拖延而无法实现。有想法并能够把事情做完，其实是一项很重要的能力。我看过一些讲偷懒的书，譬如《每周工作4小时》（*The 4-hour Workweek,* by Timothy Ferriss）。书里透露许多成功人士并非三头六臂，并非是个超人，而都是在起床开始时就规划好一天生活，然后高效工作。后来，我发现身边很多牛人都如此，坚持有规律的生活，认真完成每一件计划要做的事情。哈佛商学院的Len Schlesinger教授通常早晨四五点钟回复我的邮件，可见功成名就的他们起得有多早。我的管理学导师Chris Marquis跟我分享他刚到哈佛商学院教书的时候他的系主任对他说的话——“这里的每一个人都非常聪明，你不要和别人比智商。你要成为每天第一个把车停在校园里，最后一个开走的人。”

我在美国学习生活的日子里，也逐渐习惯了把所有要做的事情随时输入电脑的日历中，详细列出课程、讲座、会议、小组讨论、网络视频会议等事情。如果没有随时记录如此繁多事务的习惯，恐怕生活永远如一团乱麻。所以自己给自己做“行程官”（scheduler）是成功的一大要素。我的经验是，列出近期要做的事情，标注清楚哪些是一周内需要完成的，哪些是一天之内就要搞定的，绝不含糊。按照事情的轻重缓急妥善安排，每做完一项就划掉，保证把重要和必须的事情都做完。

前不久的暑假搬家，我突然发现自己有一个旧旧的日记本，随手翻到一页，不禁自个儿笑出了声。那是我当时申请美国院校写下的“李琦的十个梦想”：（1）全额奖学金到美国读书；（2）考上哈佛大学 ；（3）完成一本书写作；（4）拍一部电影；（5）读博士 ……

当时写下这些梦想，我并不知道哪个能够实现。现在回头看，起码关于读书的几个想法已经美梦成真——噢，感谢上帝。我记得看过的一本书里有一番话：“你的人生就像一本自传，你此刻觉得自己没什么成就的时候，其实你才翻到50多页。当你逐渐翻到200多页的时候，你才会看到你奋斗人生的辉煌一页。”所以不要急躁，认真做好当下的事情。

中国有句老话：三人行，必有我师。在哈佛大学，何尝不是如此？我来到哈佛大学，不仅仅是向教授学习课堂知识，其实身边的同学也都是我的老师。跟这些来自世界各个国家和不同民族的优异学生一起学习相处，我几乎每天都有新的发现和体验。由于广泛学习，我的眼界和兴趣得以不断扩展，参加了越来越多的讲座活动。关注世界时事，参加奥巴马竞选活动的助选志愿者工作，为哈佛中国社团服务，参加班里同学组织的各种聚会和出游……这让我越来越从“小我”变成“大我”，完全融入了哈佛生活。直到有一天，当美国同学在我面前津津乐道其他同学的八卦时，我发现我已经不仅仅是“来自中国北京的妞”，我是“国际李琦”，我是在和世界各国优秀的学子在同一个平台上分享信息和生活了。这种意识让我自豪。

眼下，刚刚告别肯尼迪政府学院生活的我是多么怀念那段日子，一切课程都是短暂的，同学之间缔结的友谊才是一生的。在校时要尽量和同学们一起聚会交流，哪怕只是中午聚在一起吃饭，或周末共同出游。去关心每一个同学的进步和发展，你自己也会收获多多。

哈佛大学期末考试前

哈佛大学在期末考试前特别注重针对学生的心理辅导。每个哈佛学生每年有24小时免费心理咨询，尤其是考试前，每个同学会收到邮件通知：如果考前你有心理压力，可以去学校做心理咨询。还有，在哈佛广场旁的科学中心门前设有拥抱爱心狗狗或者免费品尝冰淇淋等福利。最令人付诸笑谈的，当属考前一天晚上哈佛大学本科生传统自发的裸奔。在夜晚12点的时候，从拉蒙特图书馆（Lemant Library）里鼓乐队的同学开始奏乐。他们穿着制服上衣和大裤衩带着乐器演奏，从图书馆里出来绕着哈佛大院（Harvard Yard）开始游行一圈，后面跟着脱得光溜溜的哈佛学生。虽然我在哈佛两年时间内未能目睹，但可以想象那一刻同学们是何等地疯狂和兴奋啊！这是一种释放压力的表现，哈佛大学的学生乐此不疲，变成了一项“传统”。

其实，虽然大家都不那么喜欢考试，却人人都异常用功，复习迎考期间甚至有同学一连几天都扑在了图书馆里，困了就稍稍打个盹。也有人在期末考试压力下产生过激反应。2013年，有一位叫Eldo Kim的韩国裔哈佛大二学生，在12月16日考试当天9点前群发匿名邮件，宣称哈佛大学的4栋教学楼里面有炸弹。这一荒唐举措导致警方如临大敌，整个马萨诸塞州和联邦政府当局都高度重视，将位于哈佛大院附近的4幢教学楼进行了清空，直升飞机在空中盘旋，警车和带着警犬的防暴警察在校园各处搜寻，当天的好几门考试居然都被成功地取消了，不知这位学生的心理是否得到了舒缓。

哈佛肯尼迪政府学院的明星课程

在哈佛大学的学习岁月里，我很幸运地选修了一门明星课程：Todd Rogers教授的《行为改变的科学》（*Science of Behavior Change*）。这个课程用了大量的实例来证明，我们人类意识中的偏见和一些定向思维是多么地顽固。这门课是早晨9点钟开始，Todd Rogers教授不希望学生迟到，对于晚到的学生，他的治理手段就是停止授课，对那位同学行注目礼。如此无言的责备胜过任何有言的批评。事实上，那门课是班里各科中同学迟到最少的，因为谁都享受不了被课堂所有人注视的“礼遇”。每节课前，我们会做一些实验来证实我们自身确实存在着研究者所发现的一些固定思维所导致的偏见，结果总显得十分有趣。Todd Rogers教授是个学以致用的实干家，他在2008年奥巴马竞选总统的时候，曾经做过选民投票干预策略设计，通过心理干预法的措辞给选民发送邮件、拨打电话、派发宣传资料等，鼓励选民为民主党候选人奥巴马投票。这一招十分奏效。我印象最深刻的是“损失厌恶”（Loss Aversion）这个理论。为了让同学们有深刻的认识，我们在课前做了问卷调查。问卷表设计了这样的内容：你会选择无风险（100%机会）获得100美金，还是选择

80%的机会赢得200美金？多数人会选择第一种，落袋为安。你会选择在今天得到10美金，还是一个月之后得到50美金呢？很多同学选择马上得到。同样，在同样损失1000美金的情况下，有一种可能会让你有50%的概率损失2000美金或者没有损失。这种情况下很多人也会选择第二种。人们在面对同样数量的收益和损失的时候，认为损失更加令他们难以忍受。同样的损失带来的负效应为同等收益的正效用的2.5倍。损失厌恶反映了人们对风险的偏好是不一致的。当涉及收益的时候，人们表现出风险厌恶（Risk Aversion）；而当涉及损失的时候，人们表现出风险寻求。就像两个人恋爱一样，那个被告知分手的一方一定更加痛苦。因为人们有风险规避， 对他们来说，被迫与爱的人分开的痛苦远远多于爱上对方带来的美好感受。人们在做决策的时候也是如此。在这里，我推荐几本课堂教材，希望大家都能够了解我们人类自身的思维特征，不要出于自己的惯性而认为事物本来如此：《轻推一把：改进有关健康、财富和幸福的决定》（*Nudge: Improving Decisions about Health, wealth, and Happiness* by Richard H. Thaler and Cass R. Sunstein），《决断毫秒、眨眼之间：不假思索的决断力》（*Blink: The Power of Thinking Without Thinking* by Malcolm Gladwell），《火线领导》（*Leadership On The Line* by Ronald Heifetz &Martin Linsky，罗纳德·海菲兹教授的领导力明星课程）。

罗纳德·海菲兹曾经是主修过神经外科和精神病学的医生，还是曾在世界知名的朱莉娅音乐学院受训的音乐家。他是教师，领导力大师，同时他也是哈佛肯尼迪政府学院领导力中心创始人。他在哈佛大学主要研究与教授在社会和组织活动中如何培养适应性领导力。海菲兹在他的第一本书《没有容易答案的领导力》中给领导力下过一个定义：动员人们处理难

题。领导力应着力于解决难题的过程，而非说服人们实现一个目标的过程。他把领导力的概念定位于一个集体面临问题的性质，而非简单定位在动员或激励人们完成某项任务的交易型工作。他说在每个人心里都有一架竖琴（Harp），那个竖琴中的某一个音弦是能够触及你灵魂深处和心灵的，你要知道哪根琴弦是你的心灵之弦。什么样的话或者是眼神，能够让你瞬间变得情绪激动，以至于做出错误的判断和选择。你要了解自己的心灵之弦。

这个学期最珍贵的经历不仅仅在课堂上，也在我们的学习小组共同分享彼此领导力案例和相互提出咨询建议的过程中。由此实践了海菲兹教授提出的领导力概念和理论，升华了我们彼此的友谊。我们除了每周一、三下午的两次课外，还有3个晚上的音乐表演，3部电影课和电影分析课，每周1次小组案例讨论，每周交1个调查问卷（questionnaire）。这个课程一开始老师什么内容也不讲，简短发言之后就让大家一起讨论这门课该如何上，然后安静地坐在讲台边的椅子上。坐在教室里的120名同学，有些已经是各个国家的领导人，还有各行各业的精英，民主运动的领袖，全都沉默了，没见过老师不讲课让学生来讨论如何讲的。终于忍不住寂静，一会儿就有同学带头开始讨论了。可是讨论下来，好像谁也没有把谁说服，大家说了很多方法，最终都没有形成定论。就这样，我们讨论到了下课。

韩国同学Hyoungloo Kim 曾经跟我分享他从课程中的收获，“自己要认真地了解自己的过去，从而可以描述自己的未来。”“只有你更好地了解你自己和你与你的群里之间的关系，你才能够从一些没有必要的愤怒中解脱；那些针对别人的愤怒，其实很多都是针对你自己的。”这个课程颠覆了我们通常的授课模式。学生们的各种领导力潜能在120人的大课堂中竞相展示。此时教授也不那么轻松。他的权威和他处理突发事件的方式也屡屡受到挑战，一切都在冲突中进行着。

教授说，“冲突是创造力和创新力的原动力。”“每一个人在前进的道路上都有一口锅，我们把彼此的差异和不认同都放在那个锅里，我们需要带着他们同行。”“学会在重要的时刻较真，自信和果敢能够使自己得到公正而优惠的待遇，不用乞求或者斗争。”“人们面对镜子中的自己是学不到任何东西的，只有当面对不同的事物时他才会学到新知识，因此只有与勇气并肩，我们才能具有平息冲突、奏响冲突之曲的勇气。”

海菲兹教授的教导令我重新审视人生历程，以崭新的思维模式来应对未知事务。

总统竞选的助选活动

我在哈佛参与组织的New Hampshire的学生Canvas 助选活动，让我学到了与课堂同样精彩的“实战”。

在那场竞选活动中，美国民主党总统候选人奥巴马以332张（51%）选票击败了获得206张（48%）选票的共和党候选人罗姆尼，成为美国第44任总统。11月底哈佛学生志愿者可以选择去摇摆州俄亥俄州和新罕布什尔州进行助选动员活动。同学们有组织地甚至自己带着气垫床就加入了为民主党候选人拉票的行列中。

那是一个周日，我们乘坐哈佛的黄色校车，兴致勃勃地往新罕布什尔州的一个活动中心。深秋季节天气寒冷，我穿着羽绒服还双手冰凉。当地志愿者站特别体贴，给每人发了取暖的手贴，当地志愿者将从各家带来的食物摆满了桌子。另外一边是一排电话，志愿者按照当地民政局的统计，正在打电话联系选民，提醒选民投票。学生志愿者到了之后，先分成两个人一组，一个当地的志愿者司机作陪。和我搭档的是哈佛本科生。他从初中开始就有做竞选动员的经验，从14岁开始就跟他的妈妈和社区工作者做助选志愿者。我们按照一张有明确的地址门牌号的单子，挨家挨户地敲门，递给他们宣传彩页，强调投票的日期和地点，为民主党候选人奥巴马拉票。遇到的友好家庭主人出来会说："你们真好。这已经是第三次来我家了，你们继续努力啊，多动员。"遇到屋子里面一阵狗吠，然后重重脚步声走出来时，其主人就会抱怨说："你们已经第五次敲我家的门了，再也不要来了，你们真烦。"我身边的小伙伴非常礼貌地说声"谢谢"后转身离开，没有一丝一毫不开心。他还鼓励我说，这个名单上基本都是会选民主党或者是选谁都可以的人家，不会有特别激进的反对党家庭。

哈佛大学学生的社团活动

2015年开春，我在哈佛肯尼迪政府学院的Ash中心做助理研究员。为了胜任这个角色，那个寒假我放弃了回北京探亲和休息，同时配合哈佛大学学生学者联合会的春晚筹备组，准备哈佛春晚的主持任务和编演小品。难忘那个夜晚，天空中飞舞着小雪，哈佛春晚在波士顿的John Hancock Hall举行，一千多位美东华侨和留学生相聚一堂，气氛格外融洽。

哈佛大学学生学者联合会是在哈佛社区最大的服务于中国学生学者文化社交活动交流的团体。每个学期都会安排各种主题讲座，包括金融、创业、科技、医疗、教育和企业信息分享，帮助同学们对接大量的国内外公司资源。在哈佛大学各个研究生院也有自己独立的中国学生学者联合会。我曾

前排右二为作者

哈佛春晚小品《学中文》，作者（右一）、Roland Salatino（中间）和Stephen Turban（左一）

经做过哈佛肯尼迪政府学院的中国学生会的主席，组织了各种讲座交流和联欢活动。其中耗费时间最长最费力的，就是哈佛中国之旅了。每年3月中下旬，美国大学都有9天左右春假，在这期间肯尼迪政府学院学生社团都会组织各种国家之旅，希望同学们参加增进对自己祖国的了解和认同。

我曾经组织过两届中国之旅，带着60多位肯尼迪政府学院的国际同学走访了北京、上海、成都和西安。期间，我们和中国政府部门、国企和私营企业家进行座谈交流。曾经与中国国务院国侨办副主任谭天星、外交部美大司司长谢峰、国家开发银行中非发展基金公司总裁迟建新、中国民营企业家成都大陆希望集团副董事长刘海燕和总裁陈斌，以及三一集团海外部总裁、中央电视台外语频道主任、中国投资公司总裁、新浪微博总监等面对面交流。代表团成员们近距离了解中国国情，政治和经济发展及当地民风民俗。在组织这些活动期间，我们得到了哈佛同学校友的大量帮助。哈佛管理学教授史蒂夫·科尔曼（Steve Kelman）连续两年参加了我们组织的中国之旅。他是研究企业管理和政府创新的中国问题专家，美国主流媒体自由撰稿人，60岁开始学习中文，3年后的今天Steve教授可以用流利的中文和国内的专家交流。这些同学回到哈佛大学之后都非常自豪地说“我曾经去过中国”，在课堂发言中也会站在比较中立的立场来发

后排右四为作者

表观点。比方说在媒体网络、国家经济与安全和全球化的课程上，参与中国之旅组织的同学们和每一位献力献策的朋友们都希望能够通过真切的交流，让国际同学真实地了解中国现状，包括经济发展和企业成长的状况。

哈佛中国之旅在成都锦里

今年第一次参加其他协会组织的春假之旅，我来到了日本。日本政府经济贸易工业部、农林渔部、司法部和健康劳务社保部的四位部长都毕业于哈佛肯尼迪政府学院。日本同学告诉我，他们的学费和生活费多数是日本政府赞助，毕业后需回归到原政府部门效力。在日本，政府公务员多数是日本顶尖大学比如东京大学毕业生。

在行程的第二天，安排了一天时间开展关于中日关系的论坛，参加了日本外交部、日本国际合作组织和东京大学日本在建基金会（Rebuild Japan Initiative Foundation）的座谈。几位东大教授发表了他们对中国环境、经济、外交、人权及海外人才战略的片面观点，列举了很多中国存在的问题，却没有一个学者能够提出解决这些问题的方法。我强烈地感受到，这个学界智库对中日关系的扭曲理解和对国际社会负面渗透影响的“努力”。

这次经历，对我们中国智库及海外学生领袖组织活动是一个参考。对比了一下两个国家行程内容安排，我觉得活动中不仅是展现中国现代化发展发达方面，更要加入一些中国历史元素。比如说，一些出现过问题的企业和机构，目前中国发展中存在的问题或者去参观一个中国最贫穷的地方。希望哈佛的同学们来出谋划策。如果他们是中国政府或者企业负责人，该如何来解决这些问题？让他们带着问题去思考，站在中国环境中去处理问题，而不是偏听美国CNN的报道来了解我们的国家和人民。我们的祖国在发展中确实有很多困难，就像我们一个人的成长，会遇到挫折。我们要向国际社会阐述我们祖国发展中遇到的难题和挑战，适时和适度地示弱与示强都很重要。聆听国际友人提出的解决方案，也让这个世界更加了解中国的国情，从实际情况出发去考量。这有助于国际友人对我们的理解、包容甚至给予我们建设性的建议。

在美国国会实习

在暑假，很多同学往往会申请哈佛大学的资助去自己感兴趣的地方实习工作。有的去了某个非洲国家财政部门，帮助政府做财务预算；有的去了世界银行，做经济数据分析；有的去了麦肯锡、BCG等著名咨询公司或投行基金实习。他们大多毕业后也都去了相关领域工作。美国高校有个传统。许多本科生甚至高中生，在暑假就开始进行实习了。而国内许多高中生或一些低年级大学生的寒暑假，大多忙于参加各种英语补习和考取各种证书。

那年暑假，美国电视剧《纸牌屋》第一季正在开播。看着“纸牌屋”里面各种政治斗争和不可思议的剧情，我很好奇这个三权鼎立的国家政府内阁是如何进行民主运转的？于是我决定申请去美国国会实习的工作。

当时在美国国务院里有两位华裔国会议员，加州的赵美心和纽约的孟昭文。她们是华裔女议员。目前在美国政界华裔是少数族裔，越来越多的华裔开始重视在美国的参政和政治取向，将选总统投票当作是每一个公民的事情。我在国会议员赵美心办公室里的工作，每天都像在打仗，尤其是有法案投票的日子。我的工作从最基础的回复选民邮件做起。一位国会议员平均一年收到多达两万封选民邮件。这些邮件有“八人帮”移民法案、枪支控制、医疗保险、网络安全和信用联盟等内容。我前几周就全身心用在电子邮件的分类和回复中。那一周我读了有生以来最多的电子邮件和各种专业的五段式神回复。国会办公室对待选民邮件回复一事是非常认真的。我们按照不同的行业和热点问题把邮件分类，然后进行法案查询。每封邮件内容涉及的法案我们都会在正文中强调。之后办公室法律顾问和各主题负责人要审阅、修改，然后发送。

也正是那段时间，我养成了每天看新闻的习惯。办公室桌上有两个电脑屏幕用于工作，一个显示屏用于看议员讨论法案的回放（看字幕）。那段时间我练就出快速查阅回复邮件的能力，并知道了很多趣事。比方说，我刚开始收到关于弹劾奥巴马总统的邮件就会比较紧张，心想，怎么会有这么多跟总统对着干的和这么执着频繁的弹劾邮件。后来发现，每位国会议员都会收到类似的邮件。这种邮件我们是不予回复的。我当时想，原来当了美国总统也不那么潇洒，总有反对党找麻烦，阻碍他们做事情。

美国国会研究中心对实习生和新员工有系统的培训，有法案介绍答疑、写作培训、社交职业发展经验分享等。我们的幕僚长也非常支持我们在工作时间亲临法案辩论现场，参加议员演讲和辩论的资料准备。在国会山会议室的每周三，亚太美国领导力联盟都会组织讲座介绍美国政策法规和资讯。来自参议院、众议院、财政部、白宫等机构实习和工作的亚裔青年汇聚一堂，聆听前辈的精彩演讲，分享信息，开阔视野。记得亚太劳工组织的戴安娜在一次全美亚太妇女论坛中，分享她从事倡导移民活动的经历时候说，“移民问题是一个有关平等的问题，更是美国所有亚裔群里的问题。”“变革不会轻易发生，我们需要影响立法机构就像法律正在影响我们一样。”

在这段工作期间，我采访了纽约国会议员孟昭文。她是美国国会最年轻的华裔国会议员。她聊到一些竞选的有趣经历：“一些美国人会找我聊天或者打电话来测试我的英文成就，他们甚至还追问我跟谁学习的英文。”她还提到了中西文化差异。当年她带着两个年幼的儿子出席亚裔活动的时候，人们会质疑她作为亚裔女性候选人的工作能力和判断力，他们不愿意给一个照顾两个孩子的女人投票。但是，在西方社区参加竞选活动时，她带着孩子则被认为这位候选人是一个正常的人，一个和其他妈妈一样伟大的国会议员候选人。只有脚踏实地了解地方民情，才能够在这个民主与法制的强国政治舞台上实现自我的价值。

在华盛顿，我周末在国际领袖基金会（International Leadership

采访纽约国会议员孟昭文（Grace Meng)（左一）

Foundation，ILF)做义工，为青年学生组织做领导力培训。在那里ILF董继玲主席用一张以地域面积为标准的世界地图和一张以人口为基准的世界地图，来阐述每个人看问题的角度和立场都是不一样的。以人口为基准形成的世界地图中，整个世界变了样子，本来领土辽阔的加拿大一下子缩成了狭窄的一条。同学们立刻领悟到了，成功领袖时刻需要站在不同角度和立场来看问题，更擅长听取不同的观点，以便做出最令人满意的决策。

在华府工作期间，我养成的一些思维习惯，让我受益至今。这个夏天教会了我什么是真正的"联络（connecting）——就是持续不断地努力分享自己的知识和资源、时间和能量、朋友和同事、执着与同情，为他人带来价值，与此同时相应地提升自己的价值。真正的社交，是找到方法让他人更加成功，这就是要自己去努力为他人做得更多 。

毕业的季节

回到哈佛大学，经过那座著名的哈佛塑像时，我不禁感慨万千。我曾经数次带朋友来到这里，讲述哈佛的历史和关于雕塑的逸闻趣事。它不仅仅是一座个人纪念碑，更是一尊象征着个人不断进步、更新、超越的纪念碑，是超越自我、惠及他人和我们这个社会的标志。

哈佛肯尼迪政府学院的校训是：问你能够做些什么？（Ask What You Can Do ?）它一直激励人们扪心自问，你能够为国家、为社会做什么？我也学会了经常问自己，能够做些什么来更好地回报养育自己的父母，贡献我们的国家和社会。那么，站在这个世界的舞台上，我们能够做些什么呢？

哈佛气质，我的发明

韩璧丞

从哈佛走出的企业家不计其数，于不断的实践中深远地改变着这个世界。在哈佛大学数年的学习和生活经历中，每个人身上都或多或少植入了一种叫作哈佛气质的东西。哈佛气质是什么？它是卓越的领导力，是追求一流学术和科技的精神，是一颗改变世界、影响世界的心，也是一种平静而且从容的力量。

——韩璧丞

韩璧丞，毕业于韩国科学技术院机械工程和商科双专业，在此期间取得韩国发明专利，毕业后在美国西雅图有过3年医疗产品开发、7年硬件医疗产品研发工作经历，现为哈佛大学脑科学中心的博士生，担任哈佛商学院医疗仪器协会副主席。他曾是两家初创公司的联合创始人，研发过无针头胰岛素针、可穿戴心脏除颤器、单电极脑电检测器等多种医疗仪器。2015 年初，他注册成立了 BrainCo Inc，这是一家在美国地区研发脑控可穿戴产品的初创公司。

2017年哈佛大学邀请了脸书（Facebook）的创始人，首席执行官（CEO）马克·扎克伯格回哈佛大学作为演讲嘉宾参加毕业典礼，并且领取荣誉学位。脸书是他在哈佛大学读书期间，与同学达斯汀·莫斯科维兹、爱德华多·萨维林、克里斯·休斯于2004年共同创立。当时的脸书还在他们的宿舍里的几台电脑上，而目前脸书的用户高达22亿，是世界人口的三分之一，扎克伯格也理所应当地成为了世界顶级富豪和科技领袖。

从哈佛大学走出的企业家不计其数，在不断的实践中深远地改变着这个世界。在哈佛大学数年的学习和生活经历中，每个人身上都或多或少地植入了一种叫作哈佛气质的东西。哈佛气质是什么？它是卓越的领导力，是追求一流学术和科技的精神，是一颗改变世界影响世界的心，也是一种平静而且从容的力量。

2014年，我正式被哈佛大学脑科学中心录取，从事博士项目。在这之前，我是一个纯粹的工程师，在西雅图研发高精度医疗仪器，并且自己成立了两家初创公司，进行相关产品开发。到了哈佛大学之后，我感受到了前所未有的欣喜和冲击。开学典礼上，哈佛大学数学系终身教授，著名数学家丘成桐教授讲述了他的求学和教学历程，以及他是如何影响数学领域的。他传达了一种令人感动的自强不息的精神。一个来自中国的留学生如何成长成一代数学大师、哈佛大学终身教授，并且影响着这个世界？我在哈佛大学的这些年，一直在学习这种气质。我也慢慢地理解了这种气质对我的产品或者作品的影响。为此，我变得更加有耐心，更加从容，我努力地把这种气质融合在了我在哈佛大学读博士期间的三个作品，或者说发明上。

三个发明

一个学生，将大量的时间放在学习上，在教室里、在家里，他花了很多时间，每天感觉很累，但是感到学习效率并不高。我们将一个叫脑控（BrainCo）第一代Focus（集中注意力）1 的大脑增强器拿给他使用。通过训练，他的注意力水平提高了21%。他用之前三分之二的时间，就完成了单词的背诵和数学的计算，从而有了更多的时间去休息，也取得了更好的成绩。

一个热爱科学的年轻人，喜欢科技，也喜欢尝试新鲜事物，比如智能手机、智能家居等。他戴着我们的脑控1号，用意识一想，就将房门打开；对准电灯，再一想，灯亮了。当脑控1号检测到他的情绪有些焦躁

第一个发明：世界第一款产品，学习效率记录仪器“Focus 1”。

时，音响自动地放起了“致爱丽丝”的乐曲；当机器检测到他感到寒冷时，温度调节器将室内温度升高了3度。

一个残疾人，因为事故失去了手，生活受到了巨大的影响和困扰。我们将一只可以用脑信号和肌肉信号控制的机械手装在了他的断臂上，经过一个月的训练，他已经可以用意识控制这个机械手来进行如抓握和提取这样的多个动作。“这个手看起来就像电影里钢铁侠的双手。”他充满了自信地说。

这是我最近4年在哈佛大学求学期间的三个发明。

第一个发明是在脑控公司，我们花了4年时间研制出了这台大脑增强器，利用美国最流行的电生理反馈的治疗原理，通过科学训练，提高人的注意力。

第二个发明，叫脑控1号，在2016年的世界电子消费品展上，这个产品被评为2016年的8大看点。我们成了世界上第1个可以用单电极进行复杂控制的脑控公司。目前第二代产品已经可以独立控制机器人。

第三个发明是在脑机器人（BrainRobotics）公司，拿到了美国海军的合作邀请，正在开发第一代脑控假手，已经让一个麻省理工学院（MIT）的本科失去单臂的同学戴着我们的手在学校上课。

第三个发明，高智能机械假肢。

在哈佛大学，我所在的是脑科学中心，主要研究人类和动物的大脑机理，以及如何运用脑科学基础知识来提高人的大脑功能。到学校的第一个学期，我就学习了一门神经传导课程，老师是著名教授Danial。在这门课上，我们大量地讨论用智能硬件实现提高人类学习成绩和效率的可能性。这些探讨和研究导致了我的第一个发明的出现。我叫它Focus 1。Focus 1头环可读取佩戴者的脑电波信号并将其转换成实时注意力数值。该数值可显示在电脑或手机等界面上。Focus 1头环的应用主要分为Focus教育版和Focus家庭版两种。

Focus教育版是世界上第一款用于提高学生课堂学习效率的实时注意力检测系统。Focus教育版系统通过Focus 1头环测量学生上课时的实时注意力数值，并将数值显示在实时课堂注意力反馈的检测终端界面。该界面可以让老师更了解自身教学方式对学生是否有效，并可以实时调整教学方法和内容，以提升学生的课堂注意力水平和学习效率。

Focus家庭版可让用户了解自己的注意力数据，理解自身的大脑活动并通过多种训练方式提高自身的专注度。训练方式包括认知训练游戏、教育培训应用及脑控公司自主开发的手机游戏Focus Oasis（快乐集中注意力）。Focus Oasis的原理取自神经反馈训练的演算法，这种演算法给予游戏中高注意力状态一定的激励从而训练与高注意力相关的脑电波频率，提高用户专注力和工作效率，充分开发大脑潜能。

和美国一样，中国教育市场长期以来面临的问题在于学生上课时注意力不足，学习效率低下。与此同时，老师得不到系统的教学反馈，无法得知什么样的教学方式能激发学生的课堂参与度和积极性。家长往往会通过聘请私人老师或者为孩子报课外补习班等方式来弥补课堂效率低下的问题。

家长对学生课外辅导的巨大投入体现出现有教学体系的缺陷。然而对课外辅导的投入不仅会加重家庭的经济负担，同时也增加学生的的额外学习压力。提高课堂学习效率才是提高学习成绩最好的方式。研究表明，课堂上提高1%的注意力，学生的阅读和数学成绩可以分别提高6%和8%。Focus 教育版产品正是帮助老师提高课堂效率和学生学习成绩的优质解决方式。

我非常感谢在哈佛大学上的大脑机理这门课对我的启发。作为一个资深的工程师，我所缺乏的就是这种科学上的具有高度性的指导，在做这个产品的过程中的感觉，就像是练会了九阳神功的张无忌开始练习乾坤大挪移的感觉，事半功倍。

第二个发明：注意力缺陷过动障碍（ADHD）治疗脑机接口产品“露茜（Lucy）”头环。

当Focus逐渐成熟的时候，哈佛创新孵化器的导师给了我们很多新的市场建议，他们让我们看到了一个医疗市场，ADHD的治疗市场。

露茜头环是脑控公司的第二款产品，一款主要针对医疗市场的脑电产品。露茜能检测脑电信号，并通过脑电信号直接控制电子设备，包括玩具、智能家电等。露茜帮助用户合理掌控分配注意力，提高工作学习效率，帮助多动症患者提高注意力。只要戴上露茜头环，用户就能感受和探索一种新奇的和周围环境互动交流的新方式，由大脑控制身边的一切。

全球范围内有超过11%的学龄儿童被确诊患有注意力缺陷过动障碍，且有逐年上升的趋势。从2003年到2011年，注意力缺陷过动障碍的确诊率提高了42%，平均每年上升5%。在美国，注意力缺陷过动障碍的治疗成本总消耗每年可达1460亿到2660亿美元。目前的治疗方式为药物治疗。该治疗方式要求患者长期服用含有兴奋剂的处方药。然而一旦停止用药，症状便会复发。与此同时，药物治疗会带来食欲不振、情绪不稳定、焦虑等诸多副作用。因此，药物并非治疗此类疾病的最好方式。

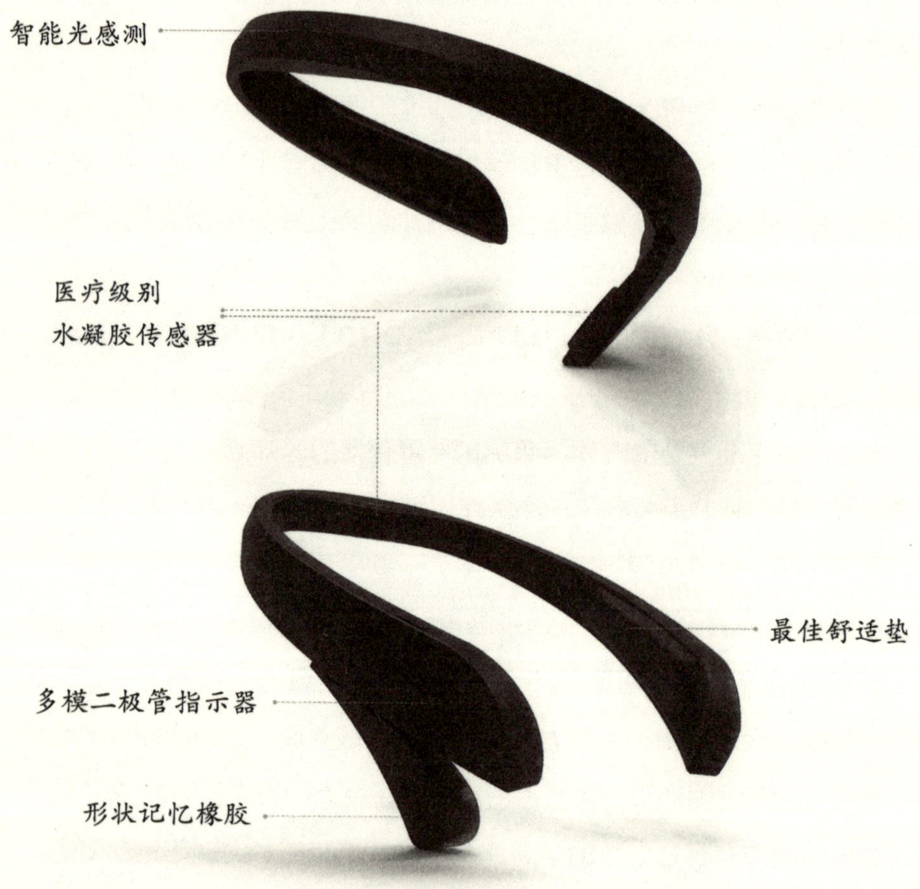

露茜（Lucy）头环

另一种注意力缺陷过动障碍的治疗方式为传统的神经生物反馈训练。这些训练需在医院或专业门诊内，通过操作复杂的医疗器械辅助完成。为了达到预期效果，患者需接受20~40个课时的训练。

相比之下，我们公司的露茜头环应用了神经反馈训练算法，将用户的脑电数据实时反馈给用户，注意力缺陷过动障碍患者可以在家里舒适地接受医院临床级别的脑电生物反馈训练。训练形式为一系列的手机游戏。当用户的脑电波规律维持在注意力集中状态时，可在游戏中获得奖励。通过长期复杂的训练巩固，这种脑电波规律会在大脑形成习惯，以便于今后学习工作时更好更快地集中注意力。BrainCo先进的算法确定了优化的训练规律，以便于每个用户能够接收量身打造的方案并获得最有效的治疗结果。BrainCo已在今年开始一系列临床实验及FDA认证申请。

第三个发明，高智能机械假肢。

在我们带着在哈佛大学研发的两款产品去世界电子消费品展展出的时候，遇到了一个残疾人。他戴着一个智能假肢，在我们的展台前看了很久。当看到我们用大脑控制机械假肢时，他非常兴奋，对我们说，他的智能假肢7万美元，我们能否给他开发一款便宜的假肢。我们稍作考虑，就答应了他的要求。

其后，我们成立了一个公益项目BrainRobotics——是麻州政府支持的半公益项目，目的是为残障人士提供高性能、低价格的智能肌电控制义肢。BrainRobotics正在研发中的假肢可以帮助残疾人通过手臂的肌电信号控制自己假肢和手指灵活运动。残疾人通过短期训练就可以学会用假肢完成正常人的大部分手部活动，大大方便了用户的日常生活。目前这款产品已经经过大量测试，是目前市场上性能超前的人工智能控制假肢。

科学

我不是一个纯粹的创业者，更希望被称为一个科学家。2015年，我看了4000多篇论文，平均每天10篇。我每天早上6点钟起床阅读论文，雷打不动，做了70多个原型机和结构设计。前后有50多个哈佛大学的学生、30多个麻省理工学院（MIT）的学生和几位教授在我的公司参与研发和实验。我们认为，如果想颠覆一个产业，就要先在科研上领先整个领域。我们以哈佛大学博士的科研水准要求公司的每一个员工进行产品开发。我喜欢和团队一起挑战工程极限，喜欢和团队挑战权威和科学的局限。

我是哈佛大学脑科学中心的博士生，我的研究方向是记忆和遗忘范畴，我们研究神经最基础的交互模型，用各种生物工具和线虫、老鼠、果蝇来研究神经通路的机理，研究在多种刺激下，大脑的选择。哈佛大学脑科学中心得到了美国脑计划和美国智慧组计划的资助，用于开发实用的脑科技产品。“脑计划”目前是世界生物医学的重大课题之一。2013年4月2日，美国总统奥巴马提出了这项研究计划，以探索人类大脑工作机制、绘制脑活动全图，针对目前无法治愈的大脑疾病开发新疗法。此外，绘制人脑地图，将有可能带来人工智能的大突破。这些都将极大地带动经济的发展和人类认知水平的提升。这项计划的意义可与人类基因组计划媲美。这项计划全称为“推进创新神经技术脑研究计划”，简称“脑计划”，分别由美国国家卫生研究院、国防部高级研究项目局、国家科学基金会提供。作为脑计划最主要的执行机构，哈佛大学脑科学中心开展了许多重大项目，作为中心的博士学生，我有幸接触了大量的科研成果，也受到了很大的启发。

我从2008年开始接触脑机接口，研究大脑对外部设备的控制。当我看到从脑电设备、核磁共振成像（MRI）等外部装置可以看到大脑的变换的时候，我第一个想法是将这种变换转化成外部的控制，我将一个脑电装置发出的信号接到了我做的一个机器人身上。这个机器人，会根据我的情绪做不同的动作。这个产品得了当时所在学校的校长大奖，得到了来美国参加国际会展的机会。后来的2011年，本科毕业后，我得到了多家美国公司的工作邀请，最后决定来一家医疗机构工作，主要做医疗仪器开发和进行多巴胺对神经影响的研究。2012年帮助医院做了一个脑电波检测器，发现我们做的产品已经比同行业的产品好很多，但是对于脑电信号的医学机理的了解还达不到专家级别，所以感到很受限制。

后来，我决定放弃自己的公司和工作，去继续研读脑科学的博士。当时拿到了两个学校的攻读博士学位入学邀请（offer），最终我选择了斯坦福大学。在斯坦福大学，我差点儿成为朱棣文的学生，所就读的那个系叫分子与细胞生理学（MCP），一共17个教授，其中有3名获得过诺贝尔奖。后来，我放弃在斯坦福大学就读是因为，我得知了哈佛大学和麻省理工学院可以相互选系和实验室，而且有两所脑科学中心。就这样，我来到了两所著名学府所在的剑桥市。第一年，我在麻省理工学院上课，学习了著名的“2.75”。这是麻省理工学院的一门课程，学校给每个组4000美元，要学生通过一学期来制造发明一个医疗仪器。就这样，很多团队最后成了公司。我们团队做了一个名叫心脏除颤器的医疗器械。第二学期，在媒体实验室，我们学习了医疗仪器开发。做助教的时候，向学生们教授了深度神经网络的课程。在媒体实验室，我看到了展示的很多智能假肢，被高超的工艺和技术的实现打动。我回去看了Hugh Herr 教授——他是媒体实验室的教授。在一场技术、娱乐和设计（TED）的演讲中，他讲述了他的研究和个人的一些经历。他是个登山爱好者，却在一次攀岩事故中失去了双腿。我调查了一下智能假肢行业，发现智能手技术还不是很成熟，于是决定了以后也要做这方面的研究。

2014年9月开始，我就沉浸在脑电算法和应用的研究上，2015年初注册了脑控公司。脑控公司，顾名思义，既是公司，也是控制，公司旨在研究与脑控有关的各项技术，创造并实现一种全新的人机交互方式。

公司成立伊始，没有资金，只是用我自己在西雅图赚的钱来做最初的研发经费。不过，我有很大的信心可以将这个公司运作起来，因为这里面有一个巨大的市场。那时候我们办公地点在一个地下室的小屋子里，因为屋里不透气，我们就拿电风扇向过道吹；买几个床垫子，白天立起来，晚上放下去就当床睡觉。我们看了很多文章，做了很多实验，很多最开始的测试就是在自己身上进行的。当时不觉得辛苦，只觉得这个工作对于我们来说有前景，也有意义。当我们看到很多实验、设想，还有技术突破在这个小屋子里面一点一点得以实现的时候，我们成了最快乐的人。

平台

从西雅图迁到波士顿，自己一个人要做一番事业。我坐下来想，哈佛大学每届有大概200名从中国来的学生，如果这几年我做一家成功的创业公司的话，那么我的合伙人很可能就来自于我的同学，因为他们同样有很多的故事和很强的科研能力，当然还有麻省理工学院的同学。那么，如何能够系统地对这些人进行评判，然后邀请他们一起从事这个创业项目呢？

答案是，做一个平台，把他们聚集到一起，在2014年之前，哈佛大学的各个院系来自中国的学生基本不怎么进行过多的交流，很多人毕业了都不认识。我到了哈佛大学所做的第一件事情，就是建立起哈佛大学历史上第一个微信群——也是最大的。最后微信群发展到两个群，每个群500人。哈佛大学的同学，很多人通过这两个群让彼此得以认识，也有很多人通过这两个群找到了男女朋友。我也邀请了大概200多名同学到我家吃饭，通过聊天，对这些人进行筛选。大概先后有40多名哈佛大学的学生，20多名麻省理工学院的同学在我的公司BrainCo里实习或者工作过，最终留下来7人，和我一起发展这个公司。那时候大家对我的印象是，很喜欢搞活动，认识很多人。但是我与他们交谈的内容基本就是这三件事情：第一件事情，你的技术背景和商业背景；第二件事，介绍我们公司的愿景和产品；第三件事，你感不感兴趣和我一起做公司。通过这种方式，我找到了很多志同道合的伙伴。

但是当我们到麻省理工学院招人的时候，遇到了一个巨大的问题，就是麻省理工学院的人比较沉闷，他们对创业并不感兴趣，更不喜欢去参与哈佛大学的项目。我找到了很多技术水平很高的麻省理工学院的同学，他们都在专心搞科研，研究一些理论知识。我跟他们讲脑控，讲未来，他们不以为然。我要他们帮我解决一些技术问题，他们都说很忙。当时我受到了很大的打击，回来后进行反思。我想，如果麻省理工学院的人是我的客户的话，我的目的是要他们接受我、帮助我，那么我必须成为他们的朋友，对他们有价值，让他们需要我。只是，我能为他们做什么呢？我研究了几周，发现麻省理工学院那些“极客”（geek）的普遍问题是，找不到女朋友；交际障碍，再加上学院女生少，虽然心里很想谈恋爱，但是没有机会。而哈佛大学，美女如云，女生聪明贤惠，我认识好多。于是我找到麻省理工学院的同学，向他们游说。我说，我认识很多哈佛大学女生，给你介绍女朋友吧。他们顿时眼睛亮了。我给他们安排了几次聚餐后，发现这种相亲效率十分低，而且浪费了我太多的时间。于是在2015年4月1日的时候，我想出了一个办法。那天是愚人节，就在人们层出不穷地想一些简单的恶作剧来捉弄其他人的时候，我在哈佛大学500人的群里，发了一条说明："简单说明，最近认识了大量极其天才帅气的优质男，然而苦于不善言辞一直单身。当别人说孤独是可耻的时候，我觉得这个世界充满了不公平。于是我打算和哈佛法学院的几名女生建立一个群，这个群将由波士顿地区的单身女生和一些女生评审组成；然后我们每周会拉进来一名优质单身男，在群里待12个小时；然后他会自我介绍，大家可以提问，感兴趣的相互加；然后超过12个小时就踢出去，目的是让波士顿的优质女找到最优质的男生，彻底解决因为信息不对称导致的近水楼台死缠烂打而得逞爱情的问题。口号是，'让优质女找到优质男，还给你最合适的爱情。'"

没想到，两个小时，该群就发展到80多个哈佛大学和麻省理工学院的单身女生，然后竟然真的有男生来报名了。

从4月1日到4月5日，相亲群连续游说了5天，人数从80人涨到200人。一个麻省理工学院的在读博士，一个帅气、聪明的优质单身男，提供了个人简介和几张照片，就被拉进了这个充满单身女生的群里。

规则很简单：先自我介绍，然后女生问问题，接着男生回答。那天，他和这几十个女生待了12个小时，聊了一个通宵。"那天晚上的情形是盛况空前的，一晚上刷了3000多条信息，问了200多个问题。"其中一名女生回忆说。

第二天，所有人都在讨论这件事情。然后，"波士顿优质女宣传群"正式成立，除了我之外，又吸引了哈佛法学院的博士、哈佛商学院的

MBA、麻省理工商学院的MBA和两名哈佛设计学院的硕士生一起运营。哈佛设计学院的管理员，迅速做出了这个群的徽标（LOGO）。就这样，该群在波士顿其他群里迅速传播开了。“这可能是有史以来管理员最强大的相亲群了。”其中有一个哈佛商学院的单身男生来群里介绍自己，相亲结束后，有60个单身女生加他。在得知他中途要去超市买东西的时候，不少女生涌到超市去看他。美好的东西总是有限的，一个男生只能在群里待12个小时，这是我们定下的规矩，让这些日子来群里宣传过的近百名优质男生，快乐又沉重。“那12个小时，是我一生中最快乐的时光，能够让200多个女生认真地听我说话，而且只和我说话，我感到很幸福。”其中一个参加过宣传自己的男生说。

“宣传结束之后，我做了一个excel表格，然后把加我并且把想和我见面约会的女生按照日期排好。每天见一人的话，我要见一个半月。”一个参加过宣传的男生说，“虽然起初是个玩笑，但是这种说法有它的内在逻辑在里面。现在市场上的相亲APP都是男性视角，男生喜欢看照片，而女生更喜欢探测对方内心的东西。问答是最好的方式，这个设计满足了女性对于男生的深入了解的需求，也同时给男生更多的选择空间。”相亲群里的成功率非常高，几乎每一个参加过宣传的男生、女生，都见了几个到几十个异性。大多数，有了约会。一念之间，我们深刻地改变了波士顿地区的很多人的情感结构。

后来我去了谷歌公司，认识付中阳。他是一位杰出的谷歌工程师，之前开发了一个手机客户端，后来被我叫停了，因为我要把相亲（datingpitch）交给他开发。他因此成为该项目的技术负责人。这个平台搭建好之后。后来麻省理工学院很多出色的工程师，都主动找到我，询问我有没有技术问题，一旦有便耐心地帮助我解决技术问题，然后便是询问我有没有好的女生介绍给他们。就这样，我帮助了几十个麻省理工学院的男士脱单，他们也帮助我把产品做得越来越好。这种现象是难以复制的。

BrainCo团队里面能人辈出，包括得红点奖的设计师、美国宇航局的工作人员、哈佛大学的科学家、麻省理工学院的“极客”，将这些有能力、有思想的人变成一个能打仗的团队难度很大。需要在鼓励每一个人最大限度发挥能力的同时，照顾每个人的发展规划。我们为此举行了很多的内部比赛，来让大家相互学习，然后一起讨论产品。我们公司的理念是，最好的团队建设是一起打胜仗，我们每一个人加入的第一天就开始参与终端产品开发，以很高的要求传递一个又一个产品。在不断地磨合中，大家寻找到了一种难得的默契。也正是这种默契导致了我们最后做出了一个非常好的产品。

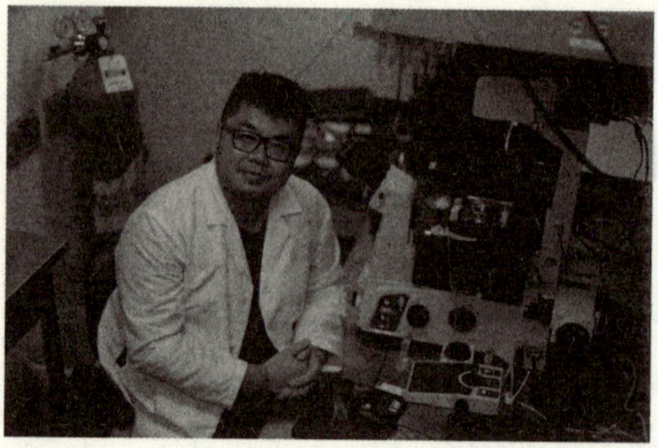

产品

我们主推的大脑增强器Focus 1的功能主要有两个：一是实现不用手的操控，可以让用户直接用意念去控制电子设备；二是在用意念去控制电子设备的同时，也是一个让用户有意识地训练大脑的过程，即提升用户的专注力水平。当脑环与手机客户端连接后，其上的算法会自动及时地计算出用户在使用产品时的专注力数值；数值越高，代表越专注。以此让用户可以对自己的脑控能力进行监测，从而实现有方向的自我训练。

比如在国际消费类电子产品展览会（CES）上，很多参观者都对脑环进行了试戴，有些人的专注力甚至可以达到200以上，有些人则在40左右摇摆；表现在台灯的颜色变化上（蓝色是初始颜色，代表放松状态，红色是最终颜色，代表注意力集中）；有些人可以实现从蓝色到红色的迅速转换，即证明该用户非常容易集中注意力；有些人则无论如何努力也只是停留在蓝色或者紫红（中间阶段的渐变颜色）上，证明该用户难以集中注意力，需要进一步训练并提升。也因此，这项技术对缺乏注意力的孩子非常有用，比如注意力缺损多动障碍（ADHD）儿童。

脑控核心技术是电生理反馈技术，自上世纪70年代发明以来，就为美国的社会精英所青睐。宇航员、奥林匹克运动员、F1方程式赛车手和顶级企业家们等需要高度用脑的工作者们，均用它来不断开发自己的大脑，从而提高学习和工作效率。然而，一直以来，人们只有在专门的医疗机构，在一些大型的精密医疗仪器的监控下，了解并挖掘自己的脑控能力。

而BrainCo则是把医院里的技术和产品搬到生活中，让更多人可以接触到。第一款产品最大的价值是实现了一种全新的训练方式。以前做这种训练是需要专门跑到医院里，家人们带着孩子到医院里训练，观察孩子的脑波。但我们认为真正的训练应该是在生活中，就像一个小孩开始训练自己的肌肉、双手和动作一样，大脑也会有个每天不断提高的过程，每天都会得到锻炼。并且，相比那些大型的医疗仪器，Focus 1的处理有针对性。一件Focus 1不像功能繁复的医疗脑电仪器，BrainCo的脑环去掉了很多没有用的功能，整个装置小巧、美观、便携。

硬件方面，在研发大脑增强器Focus 1的过程中，为了使它能够基本接近医疗级的探测脑电的硬件设备，工程师们上网搜寻并且对比了非常多的市场上的芯片资料，最终设计出成品，并有所创新。产品上市时，市场反应情况很好。我们参加了2016年的电子消费品展，有海量的媒体进行了报道，如，法新社、《今日美国》、发现频道、雅虎科技、《人民日报》、《北京日报》、《朝日新闻》、中央电视台，等等。公司热爱投资人，从投资人处得到灵感。从CES回来，我明确决定融资，因为公司下一步发展需要资金支持。于是，当得到大量订单和顾客意向要求的时候，我就开始了另一场任务，即替脑控公司融资。当初的目标十分简单，融资300万美元。

选择2016年融资，遇到了巨大的困难，因为2016年领英（linkedin）的股价跌了个对折，英特尔（Intel）公司抛售大量初创科技公司股份，再加上资本寒冬，整个融资市场风声鹤唳。上半年大多数初创公司处于估值下调状态，我们在这样的环境下，和大量投资人进行接触。最后经过不断坚持，我们终于找到了愿意和我们合作的投资机构。经过3个月的大量推介（pitch），BrainCo得到了2000多万美元的投资意向。最后，我在投资人中挑选了几家，拿到了500万美元的投资。后来我去纽约参加了一次创业比赛，在10分钟的演讲pitch中，获得了第一名，拿到了10万美元的奖金。

融资之后，我们将公司从一家民宅搬到了一个正规的办公室，办公室在哈佛大学的哈佛脑科学中心里面，位于哈佛心理系中间，我们希望在这里开始新的征程。

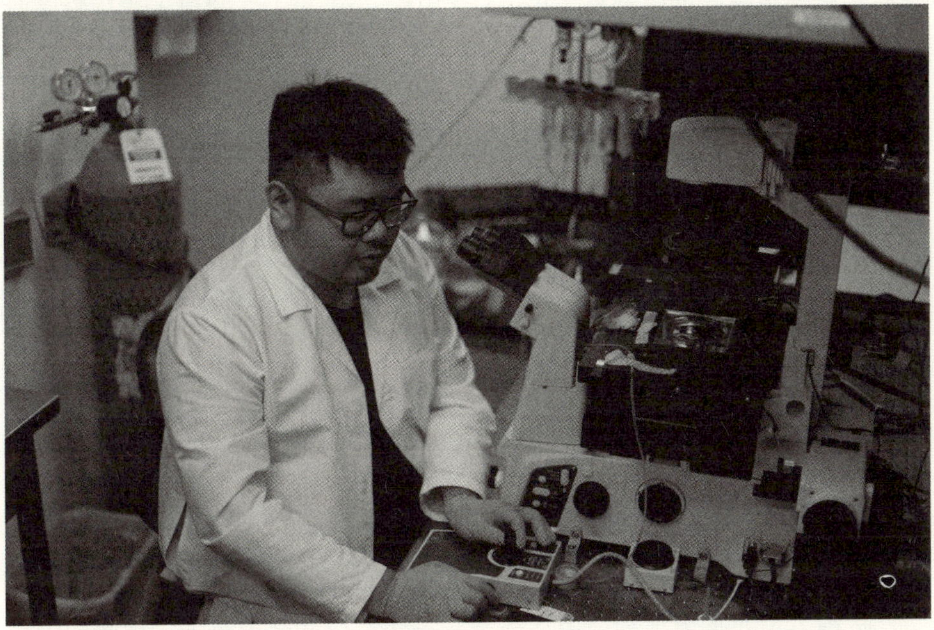

哈佛教会我的

和之前独立创业不同，在哈佛大学，我们能找到自己需要的所有创业资源，如技术、伙伴、平台、资金，等等，最重要的是有高水准的传承。哈佛大学强大的校友关系网，为我们提供了很多优秀的导师，我也在哈佛大学里寻找到了最好的合伙人。我的合伙人有Max Newlon，毕业于哈佛教育学院，有美国Beth Israel Deaconess 医学中心及麻省总医院3年临床试验研究经验，是脑科学发展学专家；有Samuel Prentice，来自麻省理工学院计算机及人工智能实验室（MIT CSAIL Lab），是算法研究、人工智能及机器学习等领域的世界权威，曾在NASA工作——在麻省理工学院学习期间，他担任美国国防高级研究计划局（DARPA）项目主程序员；有邹思睿助理研究员（Research Scientist），哈佛大学生物医学博士，曾在*eLife*、*Science*等杂志发表著作多篇；有Bruno Guimaraes Do Valle，硬件工程师，麻省理工学院电子工程系博士，有多年脑电医疗设备研究及开发经验，专注于通过EEG监测及预防癫痫病发作等领域。BrainCo 汇集了来自美国哈佛大学及麻省理工学院的顶尖脑科学专家、杰出科学家、软硬件工程师，如今团队共有来自全球各地的精英成员30余名，其中全职人员25名。来自深圳的5名工程师，在这边也帮助我们和其他组织机构建立了很强的联系。BrainCo拥有众多科研合作伙伴，与哈佛大学脑科学中心、哈佛大学教育学院、麻省理工计算机与人工智能实验室(MIT CSAIL)、比尔和梅琳达·盖茨基金会、波士顿儿童医院、Boston Engineer、Leaf Lab等全球顶尖研究中心和医院展开多项紧密合作。

哈佛大学非常看重领导力的培养，在这种环境的熏陶下，我同时连续多年担任哈佛中国论坛顾问。哈佛中国论坛是北美影响力最大的论坛，嘉宾包括，马云、基辛格、李肇星等政商界领袖。很荣幸，我也被作为嘉宾受邀请参加诸多高端论坛活动，包括作为特邀嘉宾受邀参加2017年亚布力青年企业家论坛。

至善

谷歌公司之前的信条是“Don't be evil”(不要作恶)，之前我还不明白为什么一个科技如此登峰造极的公司会选择这句话。当很多年过去，我意识到，掌握了脑控技术和机械控制，除了可以做我们之前的产品，还可以做很多脑控武器的时候，我深刻地了解了这句话的含义。于是我们决定，公司的所有产品都必须是帮助人的，比如脑控机械手帮助残疾人，而不做用于作战的机械手、大脑增强器；做帮助人提高注意力、记忆力的产品，而不是做控制人思想的产品。大学之道，在明明德，在亲民，在止于至善。我希望我们的公司是一家至善的公司，我们的学问和科研都是至善的。

逐梦到哈佛

魏沛然

“生命在于折腾（live life to the fullest）。”有什么梦想，哪怕在别人眼里看起来非常遥远、不切实际，也不要轻易自我否定；尤其是在年轻的时候，没有理由不放手去做。做成了自然好，即使没做成，试过也比没试好过一百倍。我不希望我的人生留下任何遗憾，这不是说我想让自己的每个愿望都实现，因为这是不可能的，我也没那么贪心。我只是希望能充分利用自己有限的人生，做一些不寻常的事；我只是不想当自己临终躺在病床上时，还想着某时某地的某件事，自己当时要是做了多好啊。因为在我看来，后悔可能是世界上最痛苦的事。

——魏沛然

魏沛然 2010年至2014 年担任美国彭博新闻社大中华区记者。他最初负责报道中国消费行业，侧重快速消费品、食品饮料、时尚及奢侈品等领域，也关注国人生活方式方面的题材，例如中产阶级的兴起。自2012年6月起，他一手创建彭博富豪榜之北亚榜。他曾采访过万达集团董事长王健林，娃哈哈集团董事长宗庆后，星巴克咖啡董事长 HowardSchultz 等上百位中外企业家。他曾获一系列全球性新闻奖项，包括乔治·波尔卡新闻奖、海外新闻协会奖、美国财经新闻编辑和作者协会奖，以及奥斯本·埃利奥特亚洲新闻杰出奖。在供职彭博新闻社之前，他曾就职于路透社和澳大利亚麦格理银行。

2015 年，他于哈佛大学肯尼迪政府学院毕业，获公共管理硕士学位——此前他拥有北京大学国际传播专业硕士学位。目前他在肯尼迪政府学院艾什民主治理与创新中心负责“中国慈善”项目。

1614年，英国探险家约翰·史密斯（John Smith）上尉再次来到北美大陆东北部。史密斯船长发现这里——也就是如今美国缅因州和马萨诸塞州——曲折绵长的海岸线酷似英格兰，便将这里连同周边地区命名为“新英格兰”。

两年以后，史密斯带着绘制好的地图回到英格兰，呈递给当时还是王子的查理一世。他提请王子将任何看起来“蛮荒”的名字重新命名为“英式”名称。

查理王子展开地图，被一条全长80英里，发源于麻州东部霍普金顿（Hopkinton），流经该州大部，并一路向东最终在波士顿与大西洋交汇的河流所吸引。该河原本叫作“马萨诸塞河”。查理一世大笔一挥，把它改成了自己的名字——“查尔斯河（The Charles River）”。

在此之后，源源不断到新英格兰地区定居的人们充分利用查尔斯河的水流，建造起了大坝、磨坊、纺织厂等设施，查尔斯河流域因此成了美国工业化程度最高的区域之一，而马萨诸塞州连同周边的新英格兰地区则逐步发展成了美国最富庶的区域之一。

查尔斯河畔

星移斗转，400多年过去了。波士顿、马萨诸塞、新英格兰，美国及全世界都发生了翻天覆地的变化。莱克星顿的枪声宣告了美国独立战争的开始；南北战争决定了这个建立在新大陆上的年轻国家未来数百年的走向；经历两次世界大战和冷战，美国逐步壮大成为当今世界最强大的国家。在此期间，静静流淌了几百年的查尔斯河，亦早已挥手作别其工业的用途，以清新鲜亮的一面呈现在世人面前。

2015年初夏的一个周日下午，我坐在面对查尔斯河的公寓书桌前，静静欣赏着眼前的一幕：经过了有史以来降雪最多的冬天，爱好运动的波士顿人在周末纷纷出门尽享明媚阳光。眼前的查尔斯河，原本静谧的水面被一艘艘单人或多人皮划艇划出一个个箭头。河边绿树旁，身着各色运动服的人们，头戴耳机在树影婆娑的河边小道跑步或是骑车，有时还得注意躲避从河里大摇大摆走上岸来吃草的野鹅。儿童在楼下运动场摇着秋千，有节奏地发出“嘎吱嘎吱”的声响。河对面不远处就是建于1903年的全美国第一座大学运动场——哈佛大学体育场。

这里是哈佛大学最大的住宅区Peabody Terrace，也是我住了一年多的家的所在地。可能在今天的人们看来，查尔斯河往昔的荣誉都已慢慢褪去，而沉淀下来的是两所享誉全球的高等学府：哈佛大学和麻省理工学院。

和当年的约翰·史密斯船长一样，几乎所有来哈佛学习的人，都是带着梦想来到这里，热切地探索人生的种种未知。在哈佛大学的时光，对我而言，就像是一程精彩的旅行，也是一场与来自世界各个角落的睿智而热诚的人们的聚会。

梅森学者们

我入读的项目是哈佛大学肯尼迪政府学院的招牌项目——职业中期公

共管理硕士（Mid-Career Master of Public Administration），该项目每年录取200多名来自世界各地的学员。在这当中，大约有90名学员来自发展中国家或新兴工业化国家，包括我们中国人。这些学员被称为“梅森学者”。梅森学者项目以倡导创立该项目的时任肯尼迪政府学院院长爱德华·梅森的姓氏命名，初衷是为发展中国家培养领袖人才。自1958年创办以来，在全球范围内共产生2000多名“梅森”毕业生，这里面出现了诸多世界政要。现在活跃在政坛的校友包括联合国秘书长潘基文、新加坡总理李显龙、蒙古总统额勒贝格道尔吉、利比亚总统也是非洲首位女性国家元首瑟利夫，以及哥伦比亚总统桑托斯。其他前任国家和地区首脑校友还包括中国香港特别行政区前行政长官曾荫权、墨西哥前总统卡尔德隆、哥斯达黎加前总统菲格雷斯、厄瓜多尔前总统马瓦德，以及玻利维亚前总统贝尔塞。

“梅森”们与肯尼迪政府学院，乃至整个哈佛大学的学生相比，最显著的不同是，项目要求每个申请人至少有7年工作经验。我们这一届平均工作时间是14年，入学时平均年龄为39岁。在来哈佛之前，我工作了8年，所以在班上算是比较年轻的。

梅森项目可以说是肯尼迪政府学院最为重视的项目之一。每年6月底，梅森学者便早于其他所有项目学员，开始为期11个月的学习。我至今仍清楚地记得2014年6月30日上午9点，当各种肤色的梅森学者第一次来到肯尼迪政府学院主教学楼Littauer的140教室时的情景：每个人带着兴奋和喜悦，在教室里寻找摆放有自己铭牌的座位。我记得我前面坐的是来自秘鲁的公务员，左边是印度一位警察局长，右边是一位为斯里兰卡总统工作的女性。当时真有一种联合国开大会的感觉。

梅森项目主管老师在大屏幕上打出一行字作为开场：“If your dreams

don't scare you, they're not big enough（如果你的梦想没有吓着你，那它们还不够伟大）。”这一刻，我一下子就觉得，我来对了地方！在这之后一年里与我的同学、老师交流沟通的过程中，我也不断印证着这个想法。

在我看来，肯尼迪政府学院最与众不同的地方之一可能就是，大多数人在内心深处都抱有很大的梦想，并真心相信，通过自己的努力，梦想是可以实现的。在肯尼迪政府学院，当你在和同学分享梦想的时候，不会有人因为你的梦想大到没边，或看起来有多不靠谱而笑话你。这点和马云说过的一句话有点类似:“梦想总是要有的，万一实现了呢？”

我想如果要总结我之所以会来到哈佛大学的原因，林林总总有很多，但是第一条绝对就是：敢于做梦。哈佛不光对我，对于很多中国人来说，可能都是一个梦想。在这里，我想把我在10年时间里，从一个国内非名牌本科学校，到入读世界最高学府的经历写出来，绝不是为了显摆或炫耀，因为我知道比我优秀的大有人在；而且在我看来，即便念完了哈佛大学课程，我的人生也才刚起步，后面的路还长。

最重要的原因是我想借此机会，告诉和我一样有哈佛梦的读者们，不要被自己觉得和哈佛大学的距离所吓倒，因为这可能并没有你想象得那么远。任何时候开始努力都不晚，你也可以上哈佛！

从学校到职场

和你们想的一样，其实绝大多数在哈佛大学读书的中国人，本科都毕业于国内外名校。而我本科就读于一所就算在浙江省内也算不上一流的学校——浙江工商大学（原杭州商学院）。我是杭州人，高考那年本来想就近报考浙江大学，因为思想上有些麻痹，当然主要还是自己不够努力，所以以几分之差被浙江大学拒之门外。

现在回想起来，觉得这虽然算得上是人生第一个比较大的挫折，但可能也是件好事。试想如果我进入浙大学习，很可能就像很多其他同学一样，毕业以后就按部就班地在杭州找份工作，然后结婚、生子，安稳地过日子。这没什么不好，但是如果让我再选一次，我还是会选我之后的人生轨迹。所以还是套用那句老话："塞翁失马，焉知非福。"

在本科阶段，我学的专业是金融。老实说，我不是一个对数字特别敏感的人，这在以后工作当中也有所体现。所以在学习专业课知识的时候，总觉得很枯燥乏味。相反，不知道是不是小时候经常出黑板报的关系，我一直对新闻传媒这方面比较感兴趣。我在大学二年级那年选修了一门"传播学"的课，当时觉得挺有意思。到了大学三年级，我看到身边很多同学都在准备考研究生，便也动了念头。

因为我本来对金融就不怎么感兴趣，所以在选考研究生方向的时候，自然就想到了传播学。接下来就是做功课，看看哪个新闻学院适合自己报考。当时想，随便看看吧，就打开了北京大学新闻与传播学院的网站。仔细研究了一下，从专业设置和考试科目等方面考虑，我觉得北京大学传播学的"国际传播"方向挺适合自己。但是当时的我还真没有那个雄心壮志报考北京大学。后来在一位相识多年的老师的鼓励下，我人生第一次立下了一个自己都觉得遥不可及的目标，或者干脆说是"梦想"：我要从非重点本科院校的倒数几名的学生，考上名牌大学的热门专业。

我的这个决定让家人、同学和朋友们都吃了一惊。首先，从杭州商学院考上北京大学念硕士的人，在我就学的四年里，印象中好像没有出过一人。其次，我在本科金融专业的学习成绩完全可以用“糟糕”来形容。别说别人了，连自己都觉得和“北京大学”这两个字的距离有点远。所以可能别人都觉得我只是一时心血来潮，说说而已。

做了这个决定后，自己心里当然也有过打退堂鼓、怀疑、动摇的时候。但我静下心来，分析了自己的优劣势，觉得不能说没有一点希望。首先，我是跨专业考研。金融学得不好，只是因为我不够努力，不代表我不能把传播学学好。好在国内考研究生是“一锤子买卖”，不怎么看本科学习成绩。这个体制固然有其弊端，但也给像我这样觉醒比较晚的人提供了机会。第二，传播学是一门比较年轻的学科，其正式创立的标志是美国学者施拉姆在1949年出版的《大众传播学》，距当时还没到60年。因此，该学科的经典文献相对较少。中国对传播学的研究起步更晚，大约80年代才开始。这就意味着，专业课复习的工作量应该不至于太大。就这样，我说服自己坚持把这个梦做下去，不要被北京大学的光环吓到，要相信自己。

当然，“梦想”与“空想”只有一字之差。都有一个念“想”，但到底是圆“梦”还是落“空”，区别就在于行动。我的考研准备是从大学三年级那个暑假正式开始的。当时我住在杭州的家里，必须每天冒着高温去学校复习。在自习室一坐一天，晚上再回家。就这样坚持了一夏天，倒也没有坐不住。现在回想，我觉得可能一是因为“北京大学”的光环对当时的我来说太亮了，我太想要得到了；第二是因为传播学是我喜欢的学科，做自己喜欢的事不觉得枯燥；第三是一天天的努力学习，让我把传播学和其他考试科目的知识点一个个都搞清楚了，心里的成就感也与日俱增。而这种一点一滴进步，一寸一寸朝目标靠近的感觉，我以前好像也没怎么体会过。和其他院校不一样，北京大学不指定专业课参考书目，我可以很确定地说，杭州商学院图书馆那个角落里关于传播学和新闻学方面的书，在那几个月里都被我看完了，有些看了不止一遍。这似乎也是我人生第一次那么明显地体会到学习给人带来的乐趣。

直到今天，我其实也说不上来为什么当时忽然就憋着那么一股劲儿，一定要考上北京大学。如果说是想要证明自己也好，想要改变人生也罢，总之是我第一次很清楚地有了一个明确目标，并将此付诸实践，脚踏实地地努力。现在回想起来，这个经历让我看到了自己的潜力，也体会到了努力之后获得回报的快感。我变得更加积极自信，并且相信任何事情只要努力就会有回报。

我当时一边在准备考研，同时还在申请美国的研究生院。这样两件费时费力的事在几个月的时间里一起做，我恨不得把一分钟掰开来用。久而久之，我养成了合理计划、珍惜时间等做事方法和态度，这也让我受益至今。最后我倒也被美国几所小学校的经济相关专业录取，但最后一权衡，还是来了北京大学。

在这里还想借此机会感谢一下我的父母。套用一句俗话吧，就是没有他们对我的教育，就没有现在的我。我家从祖父母那辈到我这辈，大多数家庭成员都在教育机构工作，也算是书香门第。虽然我高考没考好，而且在本科时学习成绩也非常糟糕，但是我父母对此很宽容，从来没有责备过我。他们对我一以贯之的教育是更在意我的人品，在意我是不是一个诚恳善良的人。他们一直对我有信心，相信我能有懂事发奋起来的那一天。所幸我没让他们等得太久。

在北京大学的两年，我有幸师从中国新闻传播领域知名学者程曼丽教授。在程老师的悉心指导和整个燕园学术氛围熏陶下，我得以了解传播学最前沿的知识，我的学术素养获得提升，更为重要的是我的视野得到了大大的拓展，因此我对程老师，以及所有帮助过我的老师们感激不尽。

研究生一年级结束——也就是2005年的夏天，我作为北京大学两名学生代表之一被选中去香港南华早报社进行为期三个月的暑期实习。其实在这之前，虽然我读的是新闻学院下设的国际传播专业，但我一直不确定我是否想毕业以后做记者。因为我自认为性格相对内向，也不擅长与陌生人打交道。

当时北京大学有两个在香港媒体暑期实习的项目，一个是去南华早报社做英文文字记者，还有一个是去TVB（香港电视广播有限公司）做电视出镜记者。别说当时，直到现在我都很不习惯面对镜头，所以就毫不犹豫申请了前者。我就想着暑假能去香港玩玩，还有人付我钱，何乐而不为呢？感谢老师们的信任，我莫名其妙地在香港第一次做上了记者。当时的我对香港政治、经济、人文、社会等各方面都知之甚少。更要命的是，粤语一句不会。站在这样一个起点开始做记者，难度可想而知。

所幸的是，当时南华早报社有一位来自澳大利亚的资深编辑，专职负责培训实习生和新人。我现在还能想起，每天傍晚我坐在他桌子旁边的瑜伽球上，看他把我写的稿子从标题、导语到正文，一直到结尾几乎都改了个遍，改完以后除了名字以外别的基本都不是我写的。这样几次下来，倒也找到些采写新闻的感觉。最后基本能做到每天都能出产一篇见报文章，涉猎的范围也很广：有收藏红旗轿车的爱国商人、发现薄扶林山中日军遗弃炮塔的行山老人、致力于保护街头流浪动物的NGO（非政府组织），以及在西贡郊野公园失踪的休班警员，等等。

现在回想起这段经历，还是挺为自己骄傲的——在较短的时间里适应了这个工作。在香港做实习记者的经历也让我体会到，有的时候刻意把自己推出“舒适区”（comfort zone），让自己直接面对压力，并做到迎难而上，也是很有必要的。

三个月的实习下来，我自觉收获很大，对香港这座城市的了解以及对新闻行业的认识都加深了；与人沟通能力也增强了，“脸皮”变厚了。记者可以每天去不同的地方，接触不同的人，见识不同的事，让我觉得很新鲜。我的想法也慢慢改变了，想在毕业之后进入新闻行业。

北京大学毕业以后，我如愿进入了路透社北京分社，担任“财经新闻”翻译。我之所以选择在外国媒体开始职业生涯，是因为外媒做事风格非常规范严谨，严格遵循新闻从业操守办事。这虽然有缺乏创新、官僚主义之嫌，但对于刚毕业的新人来说，知道什么是行业内最高的标准非常重要。而“财经新闻”这个行当，也正好一箭双雕地把我本科和硕士的两个专业都用上了。

之所以选择做一名翻译，是因为一般来说，大牌国际新闻机构不会招刚毕业几乎没有任何实战经验的新人做记者。而我当时觉得如果能先进到路透社，先从工作难度不大的翻译做起，应该能学到很多东西，将来再考虑转做记者。后来的事实证明，这想法对了一半。做翻译确实能学到很多，但工作难度还是超出了我的想象。

首先从内容上讲，我们翻译的都是来自路透社2000多名遍布全球的记者发布的稿件，内容以财经为主，但也涉及各个领域，五花八门。这对翻译知识的深度和广度都有很高的要求。我们不光要掌握债券价格和收益率的关系、国际原油市场各种基准产品的特点、利率和汇率如何互动，还要了解巴以冲突的历史根源、什叶派和逊尼派的区别，甚至美国演艺明星的名字在港台地区是怎么翻译的。

翻译的最高境界是“信达雅”，就是说在吃透英文稿件内容的基础上，翻译要做到把话说得简洁明了，并尽可能把语言典雅地呈现出来，这对英文和中文的要求都非常高。除了“信达雅”以外，在通讯社做翻译和别的地方不一样的，至关重要的一个要求是“快”。通讯社的发稿速度以秒来计算，因为我们的客户大多是金融市场的操盘手，他们根据瞬息万变的市场动态进行数额庞大的交易。我们信息发布得越快，就越有利于客户抢占市场先机，从而获得收益。

因此，在通讯社工作都是争分夺秒，精神高度紧张，容不得有半点差错。而一旦出错，就必须发“更正”说明，决不允许知错不报，刻意隐瞒。这是一条红线，路透社“百年老店”的声誉就是这样建立起来的。

如果你觉得上述要求已经很苛刻的话，那么请试想：凌晨两点坐在办公室里翻译美国西德克萨斯中质基准原油在纽约商品交易所瞬息万变的百分比变化，或是美国联邦公开市场委员会艰深晦涩、话里有话的货币政策声明，也都得做到以上各点。当时我们每隔几个月就会上夜班，也就是北京时间晚上11点至次日早晨7点，主要翻译欧美金融市场动态。有的时候，半夜困得感觉脑子已经停止工作了，但眼睛一看到英文，手里就跟没经过脑子似的直接就打出中文了。每次上完夜班以后会发现，白天上班时翻译起来特别顺手。这可能跟运动员训练的时候背沙袋，比赛的时候拿掉沙袋感觉格外轻松是同一个道理吧。

人们常常说，第一份工作对一个人的影响是深远的。对此，我非常赞同。在路透社做翻译这一年半的经历，不仅让我了解到了全球顶级媒体是如何报道新闻的，也为我以后转行做记者打下了坚实的基础；更为重要的是，这段经历教会了我做事要严谨、高效、主动、自律，犯了错误要勇于承认，不怕承担责任，这对我以后的做人做事都产生了深远影响。

工作一年半以后，我逐渐觉得适应了这个工作的节奏，似乎每天不怎么需要特别努力，就可以把工作做得挺好了。这个时候我发现自己去上班多少会有些懈怠，心中由此产生了一种隐隐的恐惧感和忧患感，觉得我还年轻，不想每天重复劳动，止步不前。于是，不久后，在猎头的介绍下，我去了澳大利亚投资银行麦格里北京办公室。我在那里短暂工作了半年之后，回到路透社改行做了记者。

很多人会对我这个选择感到不理解，因为通常都是从媒体转去金融界的，很少有反向流动的。我想说两点：其一，众所周知，投资银行的工作很辛苦，我所在的企业融资部门主要是帮助企业上市和进行兼并收购的，其工作更是艰苦枯燥。如果没有对这个行业由衷的喜欢，是很难坚持下来的。我之前也说过，我对金融没有太大热情，对数字也不敏感，所以即便报酬不菲，我也觉得这并不是我在26岁时想从事的职业。其二，当时离开路透社，我的确想着如果有一天能回去做记者，我会很高兴地回去。因为自从在南华早报社实习以来，记者梦就一直缠绕在我心里。当时想着如果能在北京，作为路透社记者报道中国，是一件非常酷的事情。而如果能在投资银行第一线积攒一点实践经验，对金融行业多一些切身体会，我觉得也是好事，以至于后来很多朋友说我这相当于是去投资银行做了个“带薪培训”。

所以在2008年4月的某天，当路透社北亚首席记者林洸耀（Benjamin Lim）给我发了封邮件，告诉我有个新设的职位专门负责中国产业报道，问我是不是有兴趣试试时，我欣喜若狂。由于之前做翻译打下的底子，“熟读唐诗三百首，不会作诗也会吟”，我顺利地通过了笔试和面试，回到了路透社。在此我也由衷感谢Ben的知遇之恩，特别是他后来在担任北京分社社长期间对我一贯的照顾和栽培。

所以，我真正把记者作为一个职业开始的日子是2008年5月12日，也就是汶川大地震的日子，这也算是一个巧合吧。有一件小事可以说明当时我对回到路透社“二进宫”有多激动：麦格里每年7月左右发年中奖金，当时路透社也同意我拿完奖金再来。但是当我在拿到录用信之后，想到北京奥运会没几个月就要召开了，全城上下处处都是奥运氛围，就一心想着早日开始做记者，能近距离接触这一盛事。于是我觉得多等一天都难受，没等拿奖金就立刻辞职了。

记得当时有个说法，即一个人如果在有生之年能在举办奥运会的城市生活过，那就是一件幸运的事；如果在奥运会召开的时候，能在那个城市生活，那就是幸上加幸。那么我想，如果能在奥运会召开的时候，在那个城市作为记者进行报道，那岂不是三生有幸了？

我从事新闻行业的一大初衷，是想在年轻的时候开阔眼界，见见世

作者在纽约联合国总部

面。当时奥运会开幕在即，我就想尽早入职，想看看有什么“热闹”可以凑。那个感觉就像是在玩具店门口排队等开门的小孩，就想尽快冲进去，不想错过任何一个精彩瞬间。

由于我从事的是公司新闻的报道，而四年一度的奥运会，是国内外各大企业营销的重头戏。在奥运会开幕之前的一两个月以及召开期间，我参加了无数大大小小的新闻发布会、晚宴、酒会，见到了很多以前只在电视上看到的政府官员、企业高管、演艺名人，当然更少不了体育明星。

任职路透社

在之后几年的记者生涯中，我也有幸见证并采访那些年在中国发生的各类重大事件，包括全国人大和政协会议、博鳌论坛、天津和大连的夏季达沃斯会议、北京和上海的车展，等等。可以说，我入行的初衷应该算是基本实现了。

看到这里，可能有些读者会觉得外媒记者的生活非常体面光鲜，经常满天飞，出入高级场所，每天和所谓的成功人士打交道。确实，有时工作就是如此。但是更多不为人知的时候是这样的：在三月初寒风凛冽的北京，为了先于其他媒体抢到总理将在全国人大开幕式上作的《政府工作报告》，早上4点便在人民大会堂门口吹着冷风排队等待入场；为了等上市公司公布业绩，周五晚上在办公室等到11点。有的时候干坐了几个小时，而公告就在你去洗手间的几分钟里出来了；为了采访国人境外游的消费和退税情况，在首都国际机场，到达大厅后逮人就采访。至于频繁出差啊，航班延误啊，行程匆忙顾不上吃饭啊，早起晚睡啊，已经习以为常了。

记者和翻译不同的是，翻译就是一份八个小时的工作，下班以后几乎完全不用想。而记者是一个全天候的职业。和很多人想象的不同，通讯社记者其实是要坐班的。每天8点上班，在办公室里的时候精神高度紧张，生怕错过新闻；在办公室外的时候，脑子里也得时刻想着挖掘新闻线索，构思新的选题，等等。在外媒工作，尤其是通讯社，长期处在焦虑状态下，以至于我离职之后花了很长时间，才慢慢改掉每隔几分钟就伸手找黑莓查邮件的习惯。

除此以外，作为在西方媒体供职的中国人，我和所有中国同事一样，都希望通过自己的出色工作，给中国人长脸。尽管英语不是我们的母语，但我们可以通过后天的努力和勤奋，做得比外国记者更好，也能够帮助外国同事更准确踏实地工作，因为这毕竟是在报道我们自己的国家。

在路透社工作一年多以后，当时北京分社另外一位报道公司新闻的外国记者忽然离开了公司。所以在这之后的大约一年时间里，我是路透社唯一驻北京——世界第二大经济体中国首都的产业新闻记者。这意味着我的报道范围包括中国四大国有银行、三大移动运营商、全球最大汽车市场，以及所有在北京设立中国总部的大型跨国公司，等等。

从国家层面上看，2009年正值美国次贷危机导致的国际金融危机进一步发酵，而中国政府抛出前所未有的4万亿经济刺激计划，全球投资者对中国的关注度空前高涨。从企业角度看，一系列和中国企业有关的新闻事件，都占据着国际财经媒体的头条，比如四川企业腾中重工竞购悍马、可口可乐竞购汇源，以及之后的中国农业银行的“A+H”股上市。

当时的我仿佛就是一个人在打好几份工。我的主要报道方向是金融，同时也兼顾科技、消费、汽车等各个行业，时常出现在北京各行各业新闻发布会和大大小小的会议现场，以至于我在当时就认识了彭博社报道这些行业的多位未来同事。

当时路透社负责亚洲公司新闻报道的总编辑是一位韩国女性。她针对我的领导风格，会让人联想到很多亚洲家长对孩子的教育。即便知道我是北京分社唯一的公司新闻记者，她也总是让我疲于奔命，应付各个任务。很多时候，在大多数人认为一篇文章已经写得差不多了，不用再继续努力做更多报道，或查证更多资料就可以发表的时候，她会要求我再往前走一走（go extra mile），直到确实无路可走为止。我印象很深的一件事是，我当时因为心里非常抵触，有一次就在内部聊天工具上冲她抱怨工作压力太大。她淡淡地回了我一句："有的时候发泄一下愤怒是有利于健康的（Sometimes it's healthy to vent）。"

现在回想起来，我反而非常感谢她。是她给我足够的压力，并提供了恰当的指引，使我能在刚开始做记者的短短一两年里迅速成长起来，学会顶住压力，不断打破藩篱，一方面做到了原先自己认为做不到的事情，另一方面也把会做的事情做到了极致。

任职彭博社

2010年的一天，路透社在全球范围内最大的竞争对手彭博新闻社找到我。因为他们要招一个负责报道中国消费行业的记者，所以问我有没有兴趣。在业界，彭博新闻社以工作强度大、对员工要求严苛出名。当时我在路透社成长得很快，上上下下也都很赏识，所以究竟要不要跳槽加入竞争对手，我很犹豫。后来我想到彭博新闻社建立仅有短短30多年，便已超越

作者在秘鲁历史遗址马丘比丘

百年老社路透社，成为全球财经资讯市场的霸主，必定有其中的原因，因而觉得这个公司不简单。而且彭博社的同事给我的感觉是普遍都很年轻，有一股子冲劲儿。当时我28岁，也希望在某个行业钻研下去，而不是像万金油，每个行业都待过，但都懂得不够深。在之后与彭博社接洽的几个月里，我工作更加努力了。当时我忽然想明白了一个道理，就是我努力工作其实不是为了路透社，不是为了彭博社，也不是为了其他任何人，只是为把自己的名字在业界擦亮。

彭博新闻社是彭博资讯公司的一部分，而彭博资讯公司由纽约前市长麦克尔·布隆伯格在1981年创立。毕业于哈佛商学院的布隆伯格是投资银行出身。当年他被迫离开华尔街所罗门兄弟投资银行，获得了1000万美元赔偿金。第二天，他便拿出400万美元创立了彭博资讯有限公司。在此后30年，彭博公司迅猛发展，可能在金融圈外人看来并不是很有名，但在全球金融界这是绝对权威的资讯发布和交易平台。彭博新闻社的任务就是给全球30多万彭博终端客户提供除市场信息以外的其他资讯，包括金融市场实时动态、企业高管访谈、原创深度报道，等等。

如果说我在路透社毕竟资历尚浅，只是个小角色，那么到了彭博社，因为大家都相对比较年轻，也不论资排辈，大家都拿业绩说话，这也就使我的干劲儿更足了。

当时我的报道领域，即中国的消费市场，已经呈现出从“北上广”等一线城市辐射到中西部和内陆省份的趋势。为了追逐新闻热点，这就要求我在全国各地出差，追踪业内热点新闻。这倒也正中我的下怀。在彭博社的几年里，除了图片和电视记者以外，我可能是大中华地区出差最多的记者，以至于有些同事见我偶尔在办公室里出现，会半开玩笑地问我：“你是谁？”

报道消费行业的两年让我有幸见识了贵州茅台酒是怎么酿制的，参观了青岛的游艇制造厂，走访了位于上海川沙还在建设的迪斯尼乐园工地，在呼和浩特蒙古包前参加了可口可乐开厂仪式，在广州报道了久负盛名的广交会。而在此期间，我的工作地点也从北京调到了上海。

彭博社内部有一种奖励机制，即每周五全球总编辑会给所有人员发邮件，对全球各个分社记者在本周的工作进行点评和表扬。影响到金融市场或者被别的媒体转载多的新闻会得到一个名为“Best”的奖励称号，类似幼儿园小红花。每个记者和编辑都对“Best”的多少非常重视，因为这也和每人的收入挂钩。在2011年里，我总共获得了28个Best。也就是说除掉假期，我平均一周多一点就得一个Best，这在彭博社内部的世界各个分社范围内都是很罕见的。

可是在这个时候，有一种当时做翻译的感觉又出现了，即工作开始变得既轻车熟路，又机械呆板。有的时候不用使尽全力，就能把老板交代的

作者和厄瓜多尔前总统、肯尼迪政府学院校友杰米尔·骅德（Jamil Mahuad）

任务“对付”过去；而有的时候，却很辛苦地做一些自己都认为没什么价值的新闻，而不像刚接手时，感觉每天都在挑战自己脑力和体力的极限。可能我骨子里就不是一个安分的人，时刻都在寻求变化，害怕重复自己，不怕折腾。当生活或工作一旦进入常规轨道，日复一日地正常运转下去，我就会觉得缺了点什么，是不是该来点儿变化。过去这几年的经历，包括后来来到哈佛大学，以及可预见的未来，我想都会是按照这个节奏走下去。我希望我在临终之前回望一生，觉得没有虚度生命，人生厚实而宽广。

正好在2012年，彭博公司新成立了一个团队，专门负责编纂全球富豪榜。团队需要在中国招一个记者，负责大中华地区富豪财富的计算以及关于他们个人或企业的新闻报道。这个工作除了有记者的常规报道、采访等基本任务之外，很大一部分是运用各种金融指标，编制财务模型，统计和估算富豪的身价。

这个工作的核心技能，也就是估值，以前我在投资银行工作时接触过一些，主要是为企业估值。现在能把这个技能运用到商界人物身上，并在彭博平台展示，我觉得应该会很有趣。虽然我在消费报道上做得很出色，但我还是按捺不住寻求新鲜的心情，于2012年6月加入了这个团队，一个人负责整个北亚地区（除日本和韩国外）的富豪报道。

在那个时候，我们团队其他地区的成员早已到位，并已在纽约总部接受了专门的业务培训，并都开始了几个月的准备工作。而整个项目的正式启动迫在眉睫，所以留给我的时间非常紧张。那一段时间，我常常是早上7点就进办公室，一直工作到晚上。虽然很辛苦，但是觉得每天都有新的挑战，学到新的技能，很有成就感。

关于中国富豪的报道，不光在彭博客户，就是在专业金融人士中，也非常有市场，这类文章在普通老百姓眼中也很受欢迎。因为做数据工作占据了我很多时间，所以我写文章不多，然而几乎我每发表一篇文章，就会被广泛转载。尤其是首富更迭之类的，更是受人关注，众多国内外媒体均纷纷转载刊登。在我笔下，宗庆后、李彦宏、王健林和马化腾纷纷登上过中国首富这一宝座。几次下来以后，自己甚至都有些飘飘然。

2014年初，澳门银河娱乐的股价在香港联交所劲升数月之后，我的模型显示其主席吕志和身价已超过稳居亚洲首富宝座多年的李嘉诚，成为新晋亚洲最富有的人。于是我便很兴奋地写了这篇文章，并发表在彭博终端机上。短短几十分钟内，这篇“重磅”新闻又传遍了中外各大媒体。

可是没过几小时，有香港媒体的记者给我们反馈，对我们文中出现的吕志和在银河娱乐的持股数提出质疑，依据是最新的公司年报。这时我忽然想到，吕的股份数据是我刚开始做富豪榜的时候查到的，在之后的将近两年时间里，我忙于不断拓展榜单上的人物，居然没有回头更新当初计算的数据，可以说犯了个低级错误。而此时吕志和及其家人的持股数较我最初计算时已经下降了很多，所以简单地说，我们的数据错了。通常这样的一篇新闻在发布之前，会经过很多编辑的手，可能是从亚洲分部到美国总部的编辑们都对我过于信任，没有人要求我去复查吕的股份数，而就直接用了我两年前找到的数字。

在意识到错误之后，我们立刻发布了“更正”启示，把吕志和戴了半天的亚洲首富帽子还给了李嘉诚。为此，那天我要等身在纽约的老板处理“善后事宜”。我离开办公室时已是半夜两点多了。坐在出租车里，看着陆家嘴高楼大厦的灯光，拿着手机反复翻看小小屏幕里吕志和的Excel模型，心里的滋味只有自己能体会。这件事被人民网、新浪、腾讯等一众中国媒体称为彭博社“摆乌龙”（文章甚至现在还能查到），以至于在那之

作者在纽约领奖

后很久我都不敢上网看关于该事件的报道。当时的感觉，用“晴天霹雳”来形容一点也不为过。当一篇可能会是你最被广为传播的新闻，顷刻之间变成你犯过的最大错误，丢过的最大的脸，那个感觉是比较让人崩溃的。

在这里我第一次把这件事拿出来和大家分享，一方面是为了说明外国媒体的新闻都是人写的，是人都会犯错误；另一方面更是为了鞭策自己将来做任何事都要审慎。

圆梦哈佛

再来说说为什么会想来哈佛大学读书。估计坚持看到这里的读者，其实应该也能猜到个七八份了。在做了两年富豪榜这个工作，也就是做了6年记者以后，我发现自己又厌倦了，虽然我一直知道这一天总会来的。记者这个职业，每天的工作的确千变万化，可以说没有一天的工作内容是和之前一模一样的，但是从本质上看，我感觉到其实每天所用到的技能都是一样的，只是用在不同的人物和事件上。在一定程度上，我也是害怕重复自己，不想虚度光阴。

另一个重要原因是随着我作为记者观察这个世界，对它的了解程度日益加深，我的好奇心也日益胀大，大到单纯作为记录者，写今天的新闻来做明天的历史，已经不能满足了。我想要做点别的，或者说想看看自己还能做点什么别的。再加上工作了八年，尤其是最后两三年，身体一直处在疲劳状态，精神压力也不小，需要一个调整的阶段。

回顾我时间不长的职业生涯，不管是在财经通讯社，还是在投资银行，从事的基本算是同一类工作，即金融服务业。客户可能是交易员、分析师、基金经理、企业高管等。客户花钱购买我所在机构提供的服务，而我们提供的服务会给客户带来财务回报。我觉得如果用一句话概括我做过的所有工作，那就是让有钱人变得更有钱。

我也常常会想，如果不做记者了，我想做点什么。在还没有想得特别明确的情况下，我想到之前有朋友去肯尼迪政府学院攻读职业中期公共管理硕士项目，就也动了念头，觉得可以学点新知识，开阔下眼界，给自己一点时间思考下一步人生，顺便还可以圆了“哈佛梦”。

仔细想想，我之所以能有机会来到哈佛大学读书，好像跟我之前学业和事业上走的每一步都有一定关系，一个个事件最终引领我来到查尔斯河畔，可以说确实是偶然的成分比较大，但偶然中也多少带着点必然吧。

哈佛大学带给我的是一种站在世界最高学术殿堂，跳出日常生活中的纷繁细碎，重新看待过往及未来的一种驰骋感；是一种在广袤大地和各种流派的高手切磋交流、坐而论道、恣意高歌、下笔千言的畅快感；更是一种独自泛舟海上，经历漫漫长夜，守候即将升起朝日时的期待、不安、兴奋和满足感。

我还记得刚来到哈佛大学的时候，亲眼见到传奇教授时的兴奋。他们包括诸多哈佛大学的著名中国问题专家，有在肯尼迪政府学院讲授中国政治转型的安东尼·赛奇（Anthony Saich）、《邓小平时代》的作者傅高义（Ezra Vogel）和中国文革专家马若德（Roderick MacFarquhar）。其他知名教授还包括曾担任过美国财长和哈佛大学上一任校长的萨默斯（Lawrence Summers），当代知名哲学家、上课都得在礼堂里进行的桑德尔（Michael Sandel），等等。更重要的是，来到哈佛大学及肯尼迪政府学院演讲交流的各界人士更是数不胜数，颇有一场思想盛宴的感觉。

一年下来，通过浸入式的学习体验，与在此间的学者、政客、商人及其他各行各业的人进行接触，毫无疑问极大开阔了我的视野，加深了我对整个世界的理解；在很多问题，尤其是国际事务方面，比之前更能站在各方的角度上思考问题。

我想说一说我在肯尼迪政府学院上学期间觉得最享受的一门课。迈克尔·伊格纳季耶夫（Michael Ignatieff）曾任加拿大自由党党魁，在2011年参选加拿大总理，但以失败告终。我有幸上了他的“责任和代表性：满足政治生活之需求”这门课，其核心围绕他在离开学界从政的这几年的亲身经历。

伊格纳季耶夫教授是加拿大人，祖上是俄罗斯的名门望族。他的曾祖父尼古拉·伊格那提耶夫是沙皇亚历山大三世时期的第一任内政大臣。祖父保罗·伊格纳季耶夫是末代沙皇尼古拉二世时期的最后一任教育大臣，也是唯一未被革命党在十月革命中枪决的沙俄末朝大臣，并于1925年携一家人抵达加拿大。其父佐治·伊格纳季耶夫在加拿大联邦政府任职外交官，其后一路迁升，曾任驻南斯拉夫、北约及驻联合国大使。

伊格纳季耶夫教授本人的经历也颇为传奇。他曾任大学历史教授，并担任过战地记者，还曾出版过数本小说。2004年当他在肯尼迪政府学院教书的时候，加拿大自由党忽然找到他，请他出山返回加拿大角逐国会议席，并参选下届党魁。伊格纳季耶夫教授在顺利当选自由党党魁之后，在加拿大总理的竞选中败北。在此之后，他重回肯尼迪政府学院继续教书。相比职业政治家，伊格纳季耶夫对政治的理解，可谓“理论与实践相结合”。他毫不忌讳地与我们分享自己的失败经历，有时感人肺腑，有时发人深省，有时又催人泪下；他以小说家出身所做的妙到巅毫的评论经常让人在莞尔一笑之后默默咀嚼到政治的本质，以及很多做人的道理。他一旦开口讲话，睿智幽默，风度翩翩，也不怎么把自己当回事，有时感觉去上

作者在哈佛肯尼迪政府学院肯尼迪论坛（JFK Forum）上

他的课，就像是去看一场精彩的演出。

在哈佛大学，作为学生能很真切地感觉到教授与学生之间的相互尊重与鼓励。老师准备得越充分，讲课时的“料”越多，就越能获得学生的赞许。我在寒假上了名为“说服学”的课。该课教授Gary Orren只教这一门课，且连续教了25年。美国总统奥巴马在哈佛法学院上学的时候也上过这门课。寒假那学期的课非常紧张，只上两周，但是每天都是从早到晚。将近70岁的Orren教授凡事亲力亲为，在最后一天结课时，全体大约100名学生起立向他致敬，鼓掌持续了好几分钟，场面颇为感人。

如果说在课堂里学到知识和技能是每个一流学校都能做到的，那么哈佛大学，特别是肯尼迪政府学院的独特之处在于，很多老师和同学本人都有着传奇经历，他们很多人的人生都是一本有趣的书。在日常各种活动中，不经意间与同学们的交流，常常让我有“脑洞大开”的感觉。很多时候在听完其他同学的人生故事之后，会觉得自己的人生其实挺平淡无奇的，完全没什么值得说道的，弱爆了。

记得梅森学者暑假第一天上课时，老师请我们与身边同学两两搭配相互进行介绍，内容不外乎是名字、国籍、以前的职业、为什么要来肯尼迪政府学院及将来想做什么。有一位黑人女同学是这样被她的邻座介绍的：“她叫Fadumo，来自芬兰。她在联合国儿童基金会工作。以前是索马里的难民，现在想成为索马里总统！”

Fadumo Dayib出生在肯尼亚，小时候随父母回到祖国索马里，因为时逢战乱，他们一家只得住在体育场里。在她14岁那年的一天，她母亲偶然问她长大想做什么，她不假思索地说想为联合国工作。她母亲说，“你有一天会做到的。”可她那时却连读书写字都不会。14岁的Fadumo直到这时才开始学习识字。

上世纪90年代初的索马里内战迫使Fadumo一家再度离开自己的国家。他们本来打算去罗马尼亚，在莫斯科转机的时候，阴差阳错地去了芬兰，并凭借国际红十字会发的“难民证”，在这一北欧国家住了下来。到了芬兰，Fadumo从零开始学习芬兰语，拿到了公共卫生学硕士学位，后来真的如愿以偿加入了联合国，并在斐济、肯尼亚、利比里亚和祖国索马里工作。

历经了如此多的人生苦难，高挑貌美曾做过模特的Fadumo在生活中非常积极乐观，她说话轻声轻语的，经常会和大家开玩笑，也很擅长“自黑”。很难会把眼前这样一个优雅端庄的女子和屡次收到死亡威胁的总统竞选人联系起来。她跟我说过，她母亲常常跟她说：“所有的可能性都握在你自己的掌心里。”也是这句话一直鼓舞着她。在这里也衷心祝愿她在往后的大选中有好成绩。

在肯尼迪政府学院，有个被使用比较多的比喻，用来形容这里每个人的学习状况，就是“对着消防栓喝水”。每天，甚至每时每刻可以吸收的东西都太多，远远超出常人所能吸收的范围，我常常会感觉自己时间、精力和体力都不够，但毫无疑问，这样的高强度的集中摄入养分，无论谁都是受益匪浅的。

我刚入学时，因为好奇，有时候会在网上搜索同学的名字，阅读关于他们的故事。这样在下次见面的时候，就可以有针对性地和同学进行沟通，而同学也总是会很惊讶于我对他们做的功课，并表示感谢。而我也从和他们的攀谈中学到很多。因为在很多问题上，可以说身边的同学相比教授来说是更好的信息获取来源。

比如巴以冲突，我先后找了以色列和巴勒斯坦同学，听取他们从各自立场对冲突起源和现状以及未来走势的分析；我也曾和其他中国同学一起，和就职于美国军队的同学就中国在国际事务中的角色问题展开激烈交锋；和日本、韩国同学讨论70多年前那场战争给后代带来的影响；听墨西哥同学详细描述他毕业回国以后竞选议员的计划；跟肯尼亚同学了解中国在非洲的投资情况，以及当地人对中国投资的看法；与各国外交官谈论国际关系，介绍中国的发展方针与国情民情，试图从自己的角度解答他们关于中国崛起的问题。

通过这一年在哈佛大学的学习，我想大言不惭地说，除了觉得视野更为开阔之外，觉得自己变得更为“聪明”了。这倒不是说智商有了多大的提高，而是说看问题会试着从更多维度来考虑。因此能看到一个问题的不同侧面，或者说能看到不同人看同一个问题的不同角度，同时思辨能力有了进一步的提高，并且思想的厚度也有所增加。

哈佛带给我的……

在哈佛毕业之后，我接受了哈佛肯尼迪政府学院艾什民主治理与创新中心的邀请，留下来负责中国慈善方面的研究。随着中国私人财富的快速增加，慈善已成为国内热议的话题，同时也引起了西方各界的浓厚兴趣。艾什中心一直与中国有着紧密的联系，因此也希望启动这方面的研究。我之前的工作侧重在报道企业家如何赚钱，而这个项目着眼在企业家以及其他富有人群如何通过运用他们的财富，来回报社会。

毕业后不到一个月，我便带领两名研究助理开始了这项工作。经过近半年的努力，我们通过梳理各种公开资料，找出了过去一年中国大陆个人捐赠排名前100名的个人，并对他们的个人信息和捐赠行为进行分析研究，最后形成了哈佛大学历史上第一个专门对中国慈善人群进行定期追踪研究的网站：china philanthropy.ash.harvard.edu。该网站今后会每年进行更新，也算是我为哈佛大学留下了点东西。

目前我已回到国内，正在开始我的下一段旅程。与我在肯尼迪政府学院运作同一项目的同学方宝荣曾经在一次职业分享中提到，每个时代都有属于每个时代的机会。这句话我非常赞同。

纵观中国改革开放30年的历程，我认为时代性的机会出现了几个转变。从行业角度看，最初随着国门的打开，首先腾飞的是面向国外市场的制造业，和应国内刚刚解除凭票供给制度而生的低端消费行业。进入90年代，最大的变化恐怕是住房制度的改革，以及随之带来延续至今但日渐式微的房地产行业的繁荣。2008年全球经济危机之后，在四万亿经济刺激计划的作用下，全国上下又出现一波基础设施行业的盛况，并带动了能源和资源行业的需求。最近几年中国的机会则在科技领域，特别是移动互联网对人们生活的改变，甚至超过了美国同行业的发展。这些都是产业方面曾经出现或正在显现的时代性机会。

但随着经济的发展，增长模式正进行转型，产业结构也必将发生调整。在未来的几十年，我认为中国这样大的经济体，城镇化将成为未来几十年发展的重要主题。不出意外的话，中国会发展成为美国今日的经济结构，即投资、出口将被消费逐步取代，数量庞大的中产阶级群体将成为中国社会、经济及各方面的主要力量。因此从商业角度上看，未来可以说是“得城市中产阶级者得天下”。

第二方面，从企业的类别来说，我认为改革开放初期是外资企业的天下。当时的中国和中国人首次开眼看世界，觉得什么都新奇。我还记得小时候在肯德基排队买汉堡的场景，当时一个包子也就几毛钱，而一个汉堡要10块钱，觉得简直就是人间美味。当时的外资风席卷了中华大地，除了不准外资进入的行业外，其他多数市场都被外资企业占领。在这个情况下，加入外企工作是那一阶段优秀人才的第一选择。

我们对洋品牌、外资企业的追捧持续了十几年，一直到本世纪初才有所转变，其标志应该是联想公司收购IBM公司个人电脑业务。而在这之后的10年里，中资企业正大踏步地追赶国外同行，在中国经济腾飞的背景下，依托中国国内巨大的市场，很多企业已经赶上甚至超越了仰视了数十年的外国巨头。所以，在过去10年里，外资企业的光环逐渐消退。对优秀毕业生来说，为中资企业工作，或者做中资企业的生意，是一个更好的选择。

那么眼下，以及未来的几十年呢？“创业”已经是我们这个社会使用频率最高的几个词之一，我认为这确实就是时代的一个潮流。我不想错过这个潮流。

差不多从2015年夏天开始，我就在着手准备一个创业项目。

在中国大中城市，存在着数量庞大的社区和社区居民。这一群体，随着城镇化的进一步发生，将会越来越壮大。过去两年，在中国如火如荼的创业投资热潮中，O2O（线上到线下）服务可以算是热中之热。市场上不计其数的APP可以说满足了城市居民从外卖到家政到美甲到按摩的各种需求。但是，有一种需求我认为还是被忽略了。这就是对身边资讯的需求。

中国大城市的社区，动辄10万、20万人口，这要放在西方国家，已经是一个不小的城市的规模了。从公共服务的角度上看，社区资讯仍是政府服务的一个盲区。社区街道和居委会在信息传递方式上，还延续着过去几十年的老办法，即要么是挨家挨户上门宣传，要么是在社区中心位置贴告示。这在移动互联网时代，或许应该有更好的解决方案。此外，社区商家也缺乏有效的手段，来对居住在周边的居民进行精准营销。

更重要的是，我们认为很多与社区居民生活息息相关的大事小情，并没有完全被知晓，很多有价值的新闻和事件都没有被开发出来。我在美国生活期间，亲身体会到了美国社区新闻的发达。几乎每个小镇、城市的每个社区都有专门服务本地居民的刊物。虽然每份发行量不大，但还都受到广泛关注。它们长期健康地生存，并蓬勃地发展，已经是当地居民生活不可或缺的一部分——既提供了社区动态，也给居民生活提供了便民信息。

我在哈佛学的是公共管理，思考的是如何为整个社会提供更好的服务。再基于我的从业经历，自然而然的我就想着做点自己擅长且喜欢的事，即为社区居民提供资讯服务。

当我酝酿这个想法的时候，我人还在哈佛大学。当时就体会到了人们常说的一个名校的“资源”。除了哈佛商学院的孵化器iLab经常举行创业相关的活动以外，哈佛大学各个院系充满了各行各业的达人，常常找人喝个咖啡，甚至只是在校园同行一段路，就能获得对创业项目非常好的启发和意见。我想，在世界其他的任何地方，可能都很少有这样的环境了。

目前这个名叫“相闻”（www.xiangwen.biz）的社区资讯产品已经以微信公众号和App的形式与北京两个社区的居民见面了。在过去几个月的运营中，我觉得生活异常充实而精彩。虽然生活的跨度显得非常大：以前接触的官员大多都是省部级的，现在则是“居委会大妈”级的；以前接触的商人都是在各种富豪榜上的，现在可能只是小区洗衣店主；以前工作是坐飞机出行，现在则是坐地铁；但是我觉得这个工作让我更深一步地了解了整个国家和社会，让我知道基层到底是怎么运转的，也满足了我的好奇心。

有不少人称赞我们这个项目有“情怀”，对此我很感激，但说实话我觉得这个词已经被用烂了。我自始至终并没有把“相闻”当作一个情怀项目来做，我只是认准一个非常朴素的道理：如果一件事能给社区居民、商家、政府都带来好处，那这就会是个有意义的成功项目。也正因如此，目前“相闻”在北京的试点非常顺利，我们计划将它扩展到全北京的更多社区，为更多居民带去这样的优质资讯服务。

说实话，出版社找到我，让我参与写这本书，谈谈人生经历，我感到惊讶、荣幸，更多的是紧张。一方面觉得自己的经历并非典型的，对其他人未必有太大借鉴价值，能走到今天这步，只是在很多关键时点上运气比较好罢了；另一方面，觉得自己一生到目前为止其实没经历过什么大风大浪，自认为人生境遇相对世界上的大多数人而言，着实算得上是幸运的了，也不想做作地虚张声势写成一部“励志”书。

更重要的是，过去的经历让我深刻地明白了一个道理，就是人生是场马拉松，我未来的路还很长。过去所经历的所有事，其实只是为将来能有机会做更大的事打了个基础。我不希望也不认为我的人生就在哈佛大学到顶了，从哈佛大学毕业了我也只是刚刚起步。同时，写下这些文字，也是对自己过去10年的一个记录。我是一个知足的人，我对自己过去的那些经历还算满意，并不是说我觉得自己有多“成功”，而是我感激过去经历的所有事情，给了我想要的东西。如果把这10年再活100遍，能有一遍活成现在的样子，我也非常知足了。所以我还是想说，我是个被命运眷顾的人。

如果我能给坚持读到这里的朋友们一点小建议，就是“生命在于折腾（live life to the fullest）”。有什么梦想，哪怕在别人眼里看起来非常遥远、不切实际，也不要轻易自我否定；尤其是在年轻的时候，没有理由不去放手做。做成了固然好，但即便没做成，试过也比没试过好100倍。我不希望我的人生留下任何遗憾，这不是说我想让我的每个愿望都实现，因为这是不可能的，我也没那么贪心。我只是希望能充分利用我有限的人生，做一些不寻常的事；我只是不想在我躺在临终病床上时，还想着某时某地的某件事，我当时要是做了多好啊，因为在我看来，后悔可能是世界上最痛苦的情绪。

北美大陆丰富的自然资源早在17世纪就被包括史密斯船长在内的很多探险家记载了下来。1616年，史密斯船长在回到英国以后发表了《新英格兰记》（*Description of New England*）。他在书中这样写道：“如果渔夫无法在一天内用有钓钩和钓线的鱼竿钓到100、200或300只鳕鱼，则他必定是技术拙劣的渔夫。”

400年后的今天，我有幸领略到了北美大陆极其丰富的人文资源。在哈佛大学的学习和工作，毫无疑问会永久地改变我的人生。

追问意义

周春

在哈佛大群的天才与学霸之间，我大约只能算个废柴，英语磕磕巴巴，学术不求上进，每天最感兴趣的事是逮着遇到的每一个人问他们的故事，然而经常被提到的“招生办大概出差错了，为什么会选我”这种据说哈佛学子常见问题倒从没困扰过我。我知道自己为什么选哈佛，也知道哈佛为什么选我。我从来都不认为自己是牛人，我只是在被问及梦想时，不闪烁，不羞赧，平静地告诉你，我想改变这个世界。明白自己的卑微、渺小和平庸，却依然坚持说，我想改变这个世界，让她变得更好。我并不是生来就有如此的平和心态，恰恰相反，我认为持续挣扎与波折往复才是生命的真相。

——周春

11个月大的儿子来参加我的哈佛毕业典礼

周春，上海人，曾发誓不踏遍神州绝不出国，遂用8年时间行遍全国34个省级行政区，后辞去公职，止步于青藏高原，倾心保护野生动物。至美后，她深感国内公益圈热情有余而专业不足，于是到多家公益组织参与志愿服务及工作，并于哈佛肯尼迪政府学院系统学习公益组织管理及社会企业运营，回国后创办支持小农、以生态农业维生的社会企业。

有时候我在想，如果没有这段（在美国）经历，我可能永远是出国前那个骄傲于自己名校毕业生身份、鼻孔朝天仰望星空的所谓社会精英，在某些人把农民这个词等同于土、懒、没素质时，对他们表示无所谓的漠视。而现在，我学会了把视线从星空放到地面，看到了千千万万处于社会底层的弱势群体。他们勤劳而善良，却因为出生或其他先天的劣势，遭受命运的碾压。我能感受到他们的痛苦，也能明白他们的需求。他们需要的，只是有人能像朱莉一样，抱着善意听他们倾诉，并且在他们需要的时候，轻轻地，扶上一把。而我知道被充满善意的尊重和扶持是多么美好。

在通往哈佛大学的道路上，我真感谢上苍让我有过这样的经历，从而让我的思想和精神得到升华。而哈佛大学给了我丰富的知识和巨大的力量，更坚定了我对将来的选择。如果您愿意做个倾听者，不妨跟随我的述说，陪我走上一程吧。

信仰的废墟

“毕业后可能按照我老婆的意愿，去内陆小镇生活。虽然我想去世界各地旅居，但那样的生活也许并没有什么意义。”之前在外交部工作的安迪（化名）诉说着他目前的困境。我们有个职业辅导互帮互助小组项目，每组4个人，每月碰一次头，这是我们组的第二次见面。安迪说完，小组的其他两人都点头，但都保持沉默。

因为要求7年以上工作经验，来读职业中期公共管理硕士这个专业的人都是各行各业的资深人士，选择这个时候重回学校，大部分是遇到了人生瓶颈。我另一个同学强尼的话很有代表性：“读商学院的都是刚毕业的学生，想着怎么找一个好工作、怎么去投行、怎么赚大钱。那些我都已经做过了，现在想的是，下一步的人生该往哪个方向走。”

作为一个英语不怎么流利的外国人，我一般不大说话，但是这次我忍不住了：“我大学时在哲学系待过两年，哲学中的一个基本命题是‘被抛’：每个人都是被抛到这个世界上的，没有选择，因此人生本来就是没有意义的。”

安迪眼睛一亮：“是啊，都是没有意义的。你看这些哈佛的教授，虽然大名鼎鼎,但真要说他们的研究对这个世界有什么意义，我看未必。”

“既然人生本无意义，不如就去做自己喜欢的事，看看你能找到什么。”我说。

讨论结束时，安迪看着我真诚地说：“春，谢谢你！”

我不知道美国人怎么样，至少在中国，我总是狭隘地认为，我们这一辈人基本都是没有信仰的，宗教被等同于迷信，高尚被等同于假仁假义，参与政治被等同于成为既得利益集团，分得一杯羹。在我毕业时，大家一窝蜂去报考公务员，因为工作稳定、社会地位高，更何况传说中当官还有很多诱人的灰色收入，而我就是这报考公务员大军中的一员，因为除了随波逐流，我不知道自己还能干什么。

我自认为做公务员的这几年是自己的信仰废墟时代。朝九晚五、没有目标的机械性日常生活让我痛苦得无法忍受，我不知道自己要什么，更不知道人生的意义是什么。无法可想时就上路，希望能在路上寻找到答案。整整五年的时间，我一有假期就背起行囊上路，就5天年假还能一年跑8个省，最夸张时3天的元旦假期都能从上海飞去东北滑雪看雾凇，那时最恨的就是收到大小长假的婚礼请柬。

每次旅行归来我都要花很多时间写游记、整理照片，然后筹划着下一次出行。只有在路上我才能离开痛苦的日常生活，过上理想中的生活，认为工作只是两次闪耀的冒险之间无奈的平庸时刻。我把在中国每个省级行政区留下足迹当作自己的目标，并且发誓只要一天不完成，我就一天不出国。在路上刻意麻醉自己，信仰这事暂且搁置一旁，至少旅行是我能认可的东西。现在鼓动大家辞职去旅行的心灵鸡汤充斥朋友圈，我才意识到当时那个状态的自己，是现今很多青年的缩影。

几年下来，渐渐接触了些人,看了些风景，猛然发现自己思想中有各

搭车走修路中的新疆独库公路，夕阳下向我走来的修路工人和卡车

种自相矛盾的成分。我抱怨社会上的腐败风气，却丝毫不觉得自己想要灰色收入有什么问题；我羡慕国外生态环境好，但看到一只野生动物就想着逮回去炖汤；我义愤填膺批判这个社会，认为这个社会缺乏言论自由，但看到某些极端言论出现在网上却想着政府怎么不封他的号。我一方面怒骂着国内的种种丑恶，一方面不遗余力地制造着这些丑恶。似乎社会改善是其他所有人的事，唯独不是我的。最可怕的是，这些完全不能共融的想法居然一直在我脑海中相安无事20多年，实在无法分辨哪些是可信的、哪些是受他人影响的结果、哪些是彻头彻尾的谬论，只好把旧有的信念统统推翻，站在思想的废墟上茫然四顾。

那时先生还没毕业，我们就在学校附近租了房，最好的朋友都住在步行30分钟内的地方，几乎每周我们都会去其中一家聚会，炒个菜、开瓶酒、抽口烟，谈着摄影和旅行，玩着胶片相机，听着鲍勃·迪伦，哼着“你还给傻瓜织毛衣”。最夸张的一次，10平方米不到的房间挤了30几号人，全是刚从世界各地过来或即将去往机场车站的。我们会在下班后抱着一盒糖不甩，偷偷从环球金融中心底楼溜进去，只为一口气爬到88层；也会在周末时站在卡车车斗上，用喇叭大声放着音乐甩着头发一路开到海边，只为在海堤上逆着阳光拍张照；更会在凌晨3点坐在东北某不知名小站，虽冻得发抖但仍兴奋地计划着既然我们错过了这班火车，不如我们就临时改线路，一路换车冲出边境；还会说干就干，靠着班车和搭车花20多天走羌塘无人区，半夜被困在悬崖山路，只能嗑瓜子抵饿御寒，出来瘦掉20斤。

杰克·凯鲁亚克的《在路上》被翻来覆去地看，青春的不安、躁动在血液里流淌，荷尔蒙似乎永远没有用完的一天。在那时的我看来，人生的意义就是跟三五至交好友在路上，我说上半句他能接下半句，他说一我能举三；在某个不知名角落的尘土飞扬的小县城，对着破败的小旅馆恣意点评这栋建筑的每个苏联式细节；闻着醋就能判断哪家是最好的餐馆；点上一碗羊肉面，几个人一拥而上抢光每一根面条，拍拍肚子去扫下一家。

大碗喝酒，大口吃肉，高谈阔论，仗剑天涯。那时年轻气盛，鼻孔长在脑门上，对自己人掏心掏肺，对不是我们这个圈子的人一律瞧不起，话不投机半句多，还一度把“人生苦短，不要把时间浪费在傻瓜身上”当作自己的座右铭。后来我去了波士顿，一度跟一个本科在读的姑娘共事，她的聪明骄傲和看不起一切人的棱角总令我想起那时年轻的自己，不禁莞尔一笑，想着不知什么时候她会想起这时的自己，然后像我一样自嘲地笑。

有这样一群人

2011年是我“在路上”生涯的鼎盛之年，除了台湾，我已经把中国所有省级行政区都踩了个遍。3月初某户外品牌公司赞助4名驴友去澳洲塔斯马尼亚徒步行，跟着朋友报名居然被选上了。组织者甚至告诉我，他们去年的活动没有女生，今年因为发现了我，特意又招了另一个女生。我当时的骄傲可想而知。由于是第一次出国，澳洲的蓝天白云和敢跟人抢地盘的野生动物给我留下了极深的印象。

这件事带来的一个副作用是，我在3月就已经把全年仅有的5天年假全部用完，国外这个新鲜的目的地第一次向我打开了大门。到了6月，朋友诱惑我去尼泊尔和印度，实在忍无可忍，终于递上了辞职信，决定开始自己的间隔年，好好在路上待个一年。那时候正是全国毕业生热追公务员之际，很多岗位的招考比达到了几百比一。单位人事部门实在不知道该怎么理解我的辞职信，在连续召开了几次会议甚至惊动了局领导之后，我的辞职理由变成了先生要去德国读博士后，而我则想跟去读硕士。我毫无惋惜地在这份面目全非的辞职信上签了字就赶上了朋友西去的火车，结束了自己5年的公务员生涯。

由于澳洲之行的触动，在出门前我搜到了一个叫作绿色江河的环保组织，他们在青藏高原建保护站，想着反正我去尼泊尔顺路，就申请了做他们的志愿者。没想到这个随性之举改变了我的一生。

我遇到了一群有趣的人。

绿色江河组织当时在沱沱河建长江源水生态环境保护站。铁路系统里查不到沱沱河这个站，联系的人说我得买票到那曲，然后告诉列车员我要在沱沱河下，他们就会给我停车，我不禁想到了哈利波特去霍德沃兹魔法学院时的九又四分之三车站。

抵达沱沱河的时候是凌晨，虽然已经是8月，我还裹着棉袄，但出了温暖的列车车厢还是不禁瑟缩。一个自称吐旦旦巴的清瘦藏族人把我接到一个废弃的汽车站。推开门，原本候车大厅的地方沿墙密密麻麻排着两排泡沫塑料垫铺就的简易床铺，中间靠里的位置，一个花白头发留着一把大胡子的男人坐起来招呼我，这就是绿色江河组织的创始人、传奇人物杨欣。他当年跟着漂流队从沱沱河出发，花半年时间漂到上海，完成了人类对于长江的首次漂流，却牺牲了11名队友，之后他流连在长江源探险和科考，偶然听到了野牦牛队队长索南达杰一人枪战十八名盗猎分子壮烈牺牲的故事，深受感动，发誓要为野牦牛队建造一座保护站。5年之后，靠出书卖书筹资建造的索南达杰自然保护站屹立在了可可西里盗猎分子的必经之路上，这是中国历史上第一座由民间之力建造的保护站，也是保护藏羚羊的前沿阵地。

抵达这儿的第二天我见到了大厨孙建军，之后是队医寒梅和工程师熊杨。他们与这次没来的涉外交警邹卓钢一起，自称为老野鹅，取野鹅敢死队之意。每个人都是一个大侠，每个人都是一部传奇。以前我所自傲的，他们都甩我好几条大街。论探险，几十年前杨老师就背着30公斤的包走过长江、澜沧江的源头。论摄影，20世纪90年代孙爷就扛着“长枪短炮”靠为杂志社拍野生动物赚了一辆车。论励志，寒大夫从一个孤儿成长为整个可可西里最受人尊敬的高原病医生。论意志，熊伯伯每次上高原都要因为高原反应吊上半个月盐水，但他每年起码会上高原志愿服务两个月，已经坚持了10多年。他们如此亲切、幽默、犀利，而在关键时刻，你知道你可以将性命托付给他们。跟他们一比，我觉得自己以前的境界好小，我所做的一切都是为排解自己微不足道的苦恼，而他们在试图拯救他们热爱的山川大海。他们让我看到，原来除了庸俗地谋求生存的日常生活和“拉风”的在路上，还有第三种生活——一种为了自己的信仰一直努力的艰苦生活，目标清晰，条件清苦，在生死的边缘游走。他们有一个目标，并且努力为之奋斗。我觉得我终于找到了一直在寻找的东西，这种区别于宗教和物质的纯粹的信仰。

每天早上6点半到晚上11点，我用一个小小的牛粪炉子为20几个人做饭，在一个沸点只有80摄氏度的地方，连烧顿不夹生的饭都是一个伟大的成就。不到半个月，我手上布满了裂口，疼得龇牙咧嘴，却笑得满足灿烂。这么多年来第一次，我内心感到了无比的充实。没有焦虑，没有躁动，有的只是脚踏实地地把手边最微不足道的事做好，洗几十个碗，做一个菜，喂饱一群人，然后每天在中午或日落时分的难得闲暇时刻，背上我的相机，走到工地去拍这群我热爱的人，拍这栋被我们寄予了无数希望的

当我最终躺在锡基霍尔白色的沙滩上，看海上无比绚丽壮观的日落时，我问自己：我到底为什么要在这里？一次次这样重复自己的意义何在？

房子，然后一个字一个字地记下当天发生在这群奇人身上的趣事。

等我将原本半个月的志愿服务期延至一个月，直至因为订了前往菲律宾的机票不得不离开时，我隐隐地感到失落。当我最终躺在锡基霍尔白色的沙滩上，看海上无比绚丽壮观的日落时，我问自己：我到底为什么要在这里？一次次这样重复自己的意义何在？仿佛顷刻之间，在路上的充实感消失无踪。

几天之后，在台东阴雨绵绵的释迦林里，我接到了杨老师的电话，他问我，你愿不愿意来绿色江河工作？

无人区的平常日子

我在绿色江河主要负责保护斑头雁项目。这是一种8小时就能飞越喜马拉雅山的顽强鸟类。每年春天，它们从尼泊尔和印度飞到长江源繁衍，秋天再带着小雁飞回印度。我就在每年春天带领一群志愿者驻扎在它们繁衍的湖边，阻止盗猎和捡蛋。我们从4月中旬斑头雁刚刚落地开始守护，看着它们恋爱、求婚、产卵、孵蛋，到第一批小雁跟着爸爸妈妈下水后，我们就撤营，明年再来。

斑头雁下蛋的湖距离保护站，也就是有人烟的地方有7小时车程，是真正的无人区。我们最近的一户邻居是湖对岸的牧民扎西，步行1个半小时才能抵达他的帐篷，即使他也会在5月初从湖岸的春季牧场搬去好几座山之外的夏季牧场。他走了之后，陪伴我们的就只有200多只斑头雁、4只黑颈鹤、其他50多种鸟类、无数鼠兔和偶尔出现的藏狐、野狼及盗猎者了。

湖边没有食物、没有饮用水、没有供电，也没有网络，厕所也是露天手工挖的。可能是由于地质构造的缘故，长江源的地表水大多重金属超

夕阳下的班德湖

标，牧民告诉我们，班德湖的水饮不得，旁边的小泊则可以，于是我们每天都扛着大桶凿冰取水。4月还好，等五六月天气渐渐热起来，水中出现很多微小的红虫，八层纱布也滤不掉，于是只好搬来净水机，靠人力踩踏净水，踩半天才一小桶。食物靠越野车每周一次从唐古拉山镇运来。天气暖和起来后，送给养的车来得也越发艰难，冰一化掉，整个地区变成一个泥泞的大沼泽，7小时的路程，经常要挖三四个小时的车。柴油发电机是个十几年的老古董，我们每天只敢一早一晚发动两次，以便用对讲机跟保护站汇报情况并且给唯一的一盏电灯供个电。即使这样，它也经常“噗”的一声就罢工了。即使明知没有网络，不死心的众人还是经常拿着手机在帐篷附近双手朝天手舞足蹈，像极了远古时求雨的巫师，有时还真的能求来小指大小的冰雹，于是抱着脑袋鼠窜般地回到帐篷。如厕时的必备装备是铁锹和相机。铁锹挖坑，挖完就插在山头告知他人，完事拔起来再把坑埋掉，久而久之大家就把上厕所简称为挖坑了。因为众人经常发现最好的光线永远出现在他们挖坑时，况且大鵟还喜欢蹲在旁边不远处的小丘，一脸严肃地盯得人浑身不自在，相机也就这样成了标配。

除了一周1次的补给车，我们经常10到20天见不到1个人，长江源又特别广阔，一眼就能看到天边。我们经常是钻出帐篷看一眼远方，回身说：“5分钟后有雪。”如果有闲心，就挪一块防潮垫坐帐外，看乌黑的云挂着密密麻麻的雪花，幕布一样向我们飘过来。

有一次来了一批新的志愿者，住到第5天时，其中一个很兴奋地冲进帐篷，手里抓着望远镜说：“西边来了几个黑点！”

“真的真的？我来看看！”其他人全钻出帐篷，轮流拿着望远镜看。

“会不会是人？”

“旁边没看到车，不太可能是人吧。我猜是马。”大家讨论得异常热烈。

“才来了5天看到个活物就这么兴奋，小伙子们到底还年轻啊。”孙爷拿个铲子在帐篷里气定神闲地鄙视道。

无人区的日子简单而纯粹，我们7点多起床，吃完早饭就去湖边用望远镜清点斑头雁并观察它们的习性，然后以湖为圆心寻找并记录其他鸟类。偶尔我们会爬上湖旁的小山俯瞰这片蛮荒大地，远眺东面沱沱河蜿蜒的河道及西边格拉丹东山峰上皑皑的白雪，然后眯着眼看班德湖粼粼地闪着光。

清晨与傍晚是一天中最美的时候，高原的光线绮丽缤纷，淡紫、橙红、亮金轮番勾勒着天边变幻莫测的云。马儿在远处的山头吃草，斑头雁在霞光间成对翩飞，不知是云还是雾的湿气从一个山头缓缓流淌到另一个山头。大朵或金黄或湛蓝的鸢尾在冰雪中怒放。短趾百灵在起伏的塔头间筑起精致小巧的巢来，每天下一枚蛋，等下满四枚后就静静孵着再也不离开。走路缩颈踮脚跟做贼似的蒙古沙鸻更懒，只在地上刨个浅浅的坑就把跟周围石头颜色相似的蛋下在里面。我们经常互相调侃，走路不要迈得太大，免得踩着蛋。

盗猎者喜欢在4月底5月初由结冰的湖面走上斑头雁下蛋的小岛，提一个大筐，一次捡走三四百个蛋。发现他们后，我们通过对讲机联络扎西，然后他骑马，我们开车往相应的方向赶。水道纵横的湖区越野车行进异常艰难，常常就在眼前，但被一条小水道阻挡，只能绕十几分钟的路，所以总是扎西先到，在附近躲着等我们汇合，然后扛上摄像机一起冲上前去。由于知名不具的原因，盗猎者非常害怕摄像机，经常手挡着镜头落荒而逃。

等我两年的守护行动结束，班德湖斑头雁的种群数量已翻了一番，从

1000多上升到了2000多。

处于社会底层是怎样的一种感受

每天中午我都要去哈佛肯尼迪政府学院陶布曼楼顶层的哺乳室为刚出世的孩子泵奶。哺乳室是位于最隐蔽角落处的一个不足5平方米的小间，如果没有需要，你永远都不会注意到它。出了电梯，我要走过3间大会议室——几乎每天，这里都有各式各样的讲座，政客、学者、教育家甚至音乐家从各个不同的角度谈自己对时事的理解，谈他们对于改善这个世界所做的点滴努力。会议室外的走廊里总摆着长桌，放着各式色彩缤纷的自助午餐和甜点，两三个身着黑色制服的拉丁裔服务员谨慎地忙碌着。有时候我去得早了些，讲座还未开始，他们就坐在充满阳光的走廊里，百无聊赖地刷着手机。好几次我都想停下来，跟他们聊上几句，就像我一年前经常做的那样。可他们躲避着我的目光，也让我忽然怀疑起自己来，我到底想跟他们说什么呢？

列车门缓缓关上，我最后一次挥手作别保护站的工作人员，看沱沱河站的水泥站台和可可西里绿色的草原迅速后退，眼泪泉涌而出。为了支持和成全先生多年的梦想，我不得不离开这片我热爱的土地，陪他前往美国。

刚到这个国家那阵，我的英语水平一塌糊涂。去超市购物结账，收银员问“Debit or credit?”（信用卡还是借记卡？）我呆立当场；给银行打电话，问到第三遍Pardon（不好意思）时，电话那头不耐烦地说，找一个能听懂英语的人来；在聚会上才聊了两句，对方就礼貌而略微尴尬地笑笑走了。最糟糕的是，在这里我不再感到自己是一个独立的个体，我只是邱太太，是一个陪读的。没有朋友，没有家人，听不懂别人说话，我成了一个除了丈夫什么都没有的人。仿佛一夕之间，我从中国社会的中上层跑到了美国社会的最底层，这在我之前飞扬跋扈近30年的人生中，是从来没有过的落差。

我彻底懵了。

有两个月的时间我整天埋在超市和厨房，研究这里奇奇怪怪的商品，试图说服自己成为一个快乐的家庭主妇，接下来的1个月我出现在各种公益组织里，帮农夫摘蔬菜、跟养老院的老太太聊天、帮环保讲座摆桌子。实在无事可干时，我就骑上自行车，沿着查尔斯河一遍一遍地走，或者去咖啡厅，逮着人就聊天。不过大部分时间，我就一个人待在狭小的合租屋，透过窗户看这个完全陌生的城市，这个对我而言空空荡荡，一声喊去回音全无的城市。

最寂寞时拍的照片

无边的孤独几乎将我淹没。

我开始失眠，晚上整宿整宿睁眼瞪着天花板，想着我这辈子是不是就这样了，足不出户，没法跟当地人交流，每天都很自卑，到最后变成一个神经质的家庭主妇。白天又经常一觉睡到中午。焦虑的时候不停地吃东西，一天天地胖起来。看不到人生的任何希望。

那时候我的梦想是成为一名饭店女招待，因为那样一来就意味着我已经能用英语跟当地人交流，而且还能有收入，不用再觉得自己是条寄生虫。然而饭店女招待对那时的我而言简直像天神一样不可企及，只能先从临时招待做起。所谓临时招待，就是主人家有重大宴会忙不过来时从专门的宴会公司请的帮手。顾名思义，临时招待都是临时工，一般由三类人组成，学生、家庭主妇和新移民。我们有一个共同的特点，就是在这个国家很难找到其他工作。

从二手店买了一黑一白两套制服，我跑到郊外的婚宴中心出了第一个工。领班让我去拿水罐和火柴，我什么都没听懂，直愣愣看着她。我永远记得那会儿她翻了个不耐烦的白眼，转身找其他人去的样子；我也永远记得一个叫菲利希亚的姑娘，看我艰难地一次次尝试将1米多长足有15斤重的托盘扛上肩，主动走过来说，我帮你。半分钟后，整个托盘从她肩上掉下来，杯盏砸了一地，所有人都看着我俩。我捂着嘴，害怕得像看到了世界末日。后来我渐渐对这行熟悉起来，即使听不懂，学着别人的样子也能滥竽充数。去了很多晚宴和会场，也见了许多世态炎凉。在波士顿美术馆华丽的油画下与住在贫民区的年轻未婚妈妈谈她前途未卜的将来；在布什毕业的贵族高中听校方和有钱有势的捐款人致辞；在哈佛法学院看10周年校友聚会中年轻的律师小心翼翼地攀附业界元老；在金融区的玻璃高楼里俯瞰这个夕阳西下的美丽城市。最长的一天，我工作了16个小时，直站得手脚发麻脑袋发木。

我的同行们都很善良，会在我这个新手忙不过来时默默搭把手，会威风凛凛地带我去食堂吃工作餐，会把没动过的食物偷偷装了塞我包里。但他们也很绝望，每小时的工资只有11刀（美元），也就是说辛苦工作1小时，连个好一点的三明治都买不起。在跟着其他绝望的同行疯狂接了几周的活后，我做了一个简单的计算，发现靠做临时招待，再卖命工作也只能勉强换来三餐温饱和1间小小的合租房。如果哪天无法工作，比如生病或衰老，那么你明天就可能饿肚子或流离失所。

我第一次真正体会到，在这种社会底层的行业里，勤劳只会带来贫穷。越是拼命工作，越是没时间思考、没时间提升，也就永远没办法找到更好的工作，去往更好的生活，只能永远陷在这里，越陷越深，直至没顶。可惜处于这一阶层的人出于饿肚子的恐惧，只能拼命工作，根本没有时间去想明白，或者他们想明白了，但别无选择，永远无法停下来。

我决定停下来,先生有一份勉强可以维持我俩温饱的收入，我可以选择。我决定好好想一想自己想要的是什么样的人生。

然而什么都想不出来，只有孙爷、杨老师、寒大夫和熊伯伯的脸趁我意识松怠时，在眼前不停地涌现。对了，想想怎么能帮绿色江河这样的公益组织做得更好。政策、资金、人才的匮乏让国内公益组织举步维艰，再加上这个领域总共也就20多年历史，经验及专业化程度都远远不够，而美国在这方面是世界一流的。我应该学习，而最好的学习方法，是去工作。

鼓起勇气，我开始给波士顿周边环保相关的公益组织投简历。一开始是投经理职位，石沉大海，然后投办事员，杳无音讯。最后的最后，我决定，投不给钱的实习生。虽然都是免费劳力，但实习生和志愿者的不同是，志愿者只能做些最边缘、最无足轻重的活，永远无法接触到组织的核

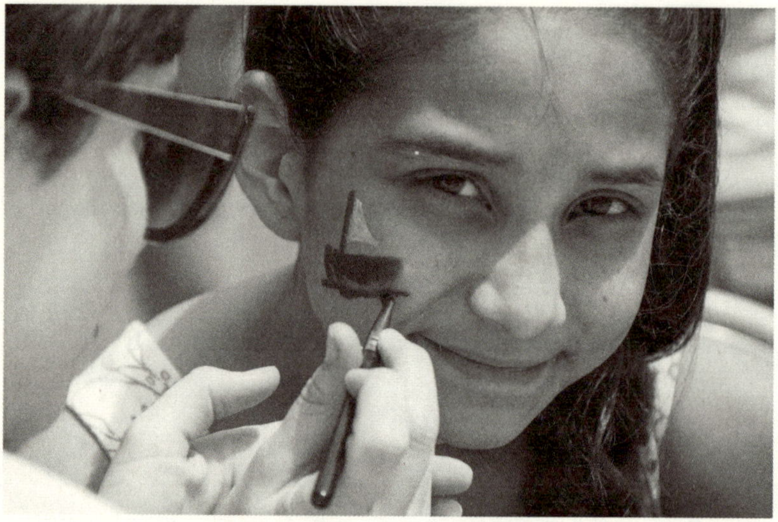

正在参加“波士顿海岸之夏”活动的姑娘。这张照片后来成为活动在《波士顿环球时报》上的整版广告。

心运作，而实习生可以。

不久之后，波士顿码头协会给我抛来了橄榄枝，我成了他们“波士顿海岸之夏”项目的暑期实习生。在大学毕业6年之后，我又开始从没有报酬的实习生做起，跟我共事的是高中生和大学在读生。

即便这样，我也工作得非常吃力，他们英语说得太快了，经常一天下来我只能听懂两三句。我只能更努力地工作。每天我都上街，拉到一个路人就问他我能不能给他拍张照，然后询问他的故事。路人的故事我经常听不懂，高中生同行就帮我记录下他们的话语，然后我把照片和话语都带回家，整理成“人在纽约”风格的照片配短故事。我的这一系列故事很快成了那个夏天最受我们脸书粉丝欢迎的项目。

真正的善意

波士顿码头协会的执行主管朱莉50岁的样子，一头干练的灰白短发，精力充沛，笑容灿烂，做起决定来坚定果断，令人心悦诚服。我从来没想过会有这样的女领导存在，很快就被迷住了。时至今日，当面对难题无法破解时，我都会想象，如果是朱莉，她会怎么做？

每次看到我，她都主动停下来打招呼，问我今天过得怎么样。一开始我总有些紧张，一紧张就听不懂她说什么，每到这时候，她的蓝眼睛总会关切地看进你眼睛深处，让你感到她由衷的关怀和善意。她会不着痕迹地把语速放慢，或者换个词解释。当我兴奋地想表达却怎么也找不到合适的词时，她会微笑着鼓励并耐心等待。当我有什么问题请教她，她会热情而翔实地给我提供建议——操作性很强，并且永远有理有据。节假日或周末她还会邀请我和先生去她家做客，跟她各个领域、各个年龄段的朋友在餐桌上讨论最近的时事和趣闻。在那里工作的短短一年，我始终如沐暖阳，心里每一个自卑落寞的角落都被体贴地察觉，被不着痕迹地温柔抚平。我终于有可以聊天的人了。

不仅对我，对办公室所有人她都这样和蔼，而大家也总爱缠着她，表功一样兴奋地叽叽喳喳。我有时候不禁疑惑，她如何能这样源源不断地将善意和温暖传递给身边的每一个人？实习的第一天朱莉就做过自我介绍，但英语不好的我是在很久之后才听明白：“我父亲那边是犹太人，从纳粹大屠杀的屠刀中逃了出来，来到波士顿；而母亲那边一直是土生土长的波士顿人，祖上是塞伦（Salem，离波士顿约一小时车程，在1693年曾处死了14名女巫）那场著名的女巫大屠杀的主审人。这样的家庭背景让我坚信，如果民主不被有效地执行，弱势群体的声音不被听到，人类将犯出多么可怕的罪行。”我们办公室的组成正体现了她的哲学，非裔、亚裔、同性恋和外国人都有，尽管各种不同的背景造成了非常大的差异和管理难度，但倾听每个群体的声音是她一直信奉的民主的真谛，也是她愿意花数倍的时间和精力去营造的理想世界。

每天早上我骑车去上班，总会比别人早到20分钟，同样骑车的朱莉也是。所以我俩总是一人泡杯热茶，闲适地闲聊几句。某一天她突然问我，你要不要为我们从事全职工作？我简直不敢相信自己的耳朵，欣喜若狂！我很难向你描述那对于当时的我意味着什么。那是工作能力居然得到承认的狂喜，是终于可以以独立个体存在的舒畅，这一下子让我的整个世界从黑白变成彩色。

从小顺风顺水的人很难体会处于社会底层的人们生活是多么艰难，他们会想当然地从自己的经历出发，认为这些人身处底层是因为他们不够努力，但当你真正在那个处境待过，你就能知道，事情远远没有那么简单。香港有过一档真人秀叫《穷富翁大作战》，节目组会请来上市公司总裁等处于社会上层的人过一周左右的贫穷生活，有一集他们请来了哈佛商学院毕业、创建了G2000和U2等品牌服装的田北辰去体验时薪只有25港元、住在仅15平方米“笼屋”（类似于北京的蚁居）的清洁工。第一天，他初来乍到，对一切还很新鲜，会去考察不同的“笼屋”，还找邻居聊天了解情况。但到了第二天，当他穿上制服开始清扫马路，他就从一个原先走在路上最怕被人认出来的名人，迅速变成一个路人对他们扫起的灰尘避之唯恐不及的清洁工。回到家，身心疲惫的他累得瘫倒在床上。原本要一周的节目也缩短到了两天，田北辰从此成了少数为底层民众发声的议员之一。

像田北辰那样，初到波士顿的这段经历彻底打掉了我头上自以为高人一等的棱角，让我重新审视之前一直忽视的东西。比如出国前的那段日子，我和先生住在乡下老宅。隔壁奶奶拿来他们辛苦种出的梨问我：“能不能帮我问问你单位，要不要这个梨？”当时我的反应是尴尬地敷衍，觉得帮村里人卖梨是特别掉价的事情。但现在的我却想，为什么不呢？隔壁奶奶的梨那么好吃，为什么我不帮她卖呢？更甚一步，我可以找技术专家来教他们种有机梨，那样单价能提高不少，村里环境也可以变好，收入高了，隔壁奶奶的儿子也许就能留在她身边陪她了，也许连我都可以就此留在村子里了。

有时候我在想，如果没有这段经历，我可能永远是出国前那个骄傲于自己名校毕业生身份、鼻孔朝天仰望星空的所谓社会精英，在某些人把农民这个词等同于土、懒、没素质时，对他们表示无所谓的漠视。而现在，我学会了把视线从星空放到地面，看到了千千万万处于社会底层的弱势群体。他们勤劳而善良，却因为出生或其他先天的劣势，遭受命运的碾压。我能感受到他们的痛苦，也能明白他们的需求。他们需要的，只是有人能像朱莉一样，抱着善意听他们倾诉，并且在他们需要的时候，轻轻地，扶上一把。而我知道被充满善意的尊重和扶持是多么美好。

绿色江河组织让我体会到为一件自己认同的事情奋斗是多么幸福，而朱莉让我知道，真正的善意能让一个人的人生从灰白变成彩色。杨欣和朱莉把这份幸福和温暖传到我身上，彻底改变了我的生命轨迹，而我，想把他们继续传下去。

我希望可以让处在社会底层的农民知道，他们的人生不是只有苟且地填饱肚子这一个选项。他们可以在填饱肚子的同时，改善他们世世代代赖以生存的土地、空气和水；他们可以在填饱肚子的同时，将安全美味的食物送到急迫地为孩子寻求可靠食物的母亲手上；他们可以在填饱肚子的同时，创造一个他们愿意看到的美好未来。而在这个过程中，有人永远会站在他们身后，就像当年杨欣和朱莉站在我身后一样，在他们需要的时候，善意而不着痕迹地扶上一把。没有人会要求他们站到台上感恩戴德，相反，整个社会都要感激他们，因为没有占中国人口一半以上的农民的帮助，没人能真正实现恢复美丽自然和重拾安全食物的理想。

在跟基金会解释我想做的事情时，我总告诉他们我要做的不是扶贫。我想支持的那些人，很多也许并不贫穷。钱是不能给人提供幸福的，因为它不能给予人活着的意义。我曾在青藏高原的藏民迁居点看到，被以保护草原为名迁居到城市、靠抚恤金生活的人，他们得到的是衣食无忧的生活，失去的却是世代延续的生活方式。他们每天醒来不知道应该干些什么，就去寻找最容易的乐子：醉酒、赌博、吸毒。同样的事情发生在美国的印第安人保护区，也发生在我出生的村子。村里的老人告诉我，我们村就有两个吸毒的和四个欠下巨额赌债的年轻人。迅速富起来的人们不知道

在戴维·格根教授的课上。第一排右起第一个为作者。

除了钱，他们的人生还剩下什么。你可以让一个人迅速富有，但精神上的贫困依旧会将他们引入深渊。

我在哈佛时选了曾任四届白宫顾问的戴维·格根教授的课，他本人虽然很有名，但每节课他几乎都会请一个跟那堂课想要表达的领导能力相关的人来做讲座，力图让我们从最真实的领导实例中看到书本上写的概念到底是什么意思。讲危机管理时来的是“911”时的纽约市长朱利安尼（Rudy Giuliani），说到组建团队时来的是曾任美国联合特种作战司令部总指挥官的麦克利斯特尔（Stan McChrystal），而我印象最深的一次是一个美国海军陆战队的退役队员格瑞特斯(Eric Greitens)讲适应力（Resilience）。他创立了一家叫“使命继续”（The Mission Continues）的帮助老兵的组织。一般慈善组织的做法是救济，给老兵钱、给他们各种免费资源，而这家组织反其道而行之，他们要求老兵们出来当志愿者，帮助其他人。接受救济的老兵一天比一天颓靡，而当志愿者的老兵则重新焕发出了活力。当解释原因时，他说，这些人当初去当兵时，是抱着保家卫国的信念去的，国家是以欢送英雄的姿态欢送他们的。但当他们受了伤，从战场上撤回，突然之间，不再有人需要他们，他们几乎是一夕之间从英雄变成了没有用的、需要接受救济的人。很多人受不了这个心理落差，纷纷自杀。这个故事带给我许多启发。每个人都希望自己所处的世界变得更好，每个人也应该有途径参与到实现这个梦想的过程中来，而不是被给一笔钱，圈养起来。

真正的善意是让人察觉不到自己是在接受帮助，是重新建立别人的自尊心而非摧毁他们，是让他们治愈伤口，重新站起来，并且有能力再去帮助其他人。

哈佛的细节

波士顿码头协会是个非常小的非营利组织，连我在内只有5个全职工作人员。工作了一段时间后，我又感到了前行的瓶颈，想在实践的基础上更系统地学习。跟朱莉聊天，她说：“那你应该申请哈佛，就申请我读的那个项目。”查了一下，朱莉说的项目果然非常符合我的要求，时间短，选课自由，而且正是我想学的方向，但6万美元的学费还是让我犹豫了好一阵。公益组织的工资并不高，这意味着我们不仅要贴上所有积蓄，毕业后还得还好久学费。即便如此，先生依旧鼎力支持我去申请。朱莉也对我给予了全力协助，不仅给我写推荐信，还帮我修改简历和申请书，连最细小的语法错误也不放过。

就这样，在来波士顿的第二年，我递上了就读哈佛大学申请书。我在上面写道：在我的家乡，农民会受人鄙视。年轻人选择远走他乡，留在村里的会被嘲笑“没出息”。我们这一代人别无选择，而我希望可以创造那个选择，我希望我未来的孩子如果想当一个农民，他不会再被嘲笑“没出息”，而是会被羡慕。

经常有人问我哈佛大学到底好在哪里。很多人说那里有举世闻名的教授，或者世界领先的教学理念，而于我而言，是那些如果你不特别留意就绝对不会发现的细节，可能是一封邮件，可能是一把软椅，可能是座位的安排或课堂上状似不经意的一句复述。正是这些细节默默呵护着每一个哈佛学子，让他们在这里排除一切干扰，平等地在一起辩论和学习，最大限度挖掘出自己的潜能。

收到哈佛肯尼迪政府学院的录取通知和艾什民主中心的全额奖学金

时，我已有5个月身孕，而且孕期反应非常严重，每天吐得稀里哗啦，连地铁都没法坐，只能一动不动躺在沙发上。我内心无比挣扎：生娃和哈佛同时进行，我到底能不能做到？会不会太严峻了？很多朋友劝我延期，但我坚决拒绝，我只想尽快回国。在我看来，这一年的夏天，我面前只有两条路，要么直接回国，要么上哈佛。

发信问我们的项目负责人苏珊，边生娃边读哈佛到底有没有可能。她回说，这样会很难，但是可以的，而且有人正在这么做。她介绍了早我一年入学的芳达。我立马写信联系，她同意跟我碰面。

我们在陶布曼五楼一见面，她就给了我一个大大的拥抱，然后马不停蹄带我参观校园并且诉说她的故事。她是在去年夏天项目进行时生的双胞胎女儿，确切地说，她是数着胎动完成了夏天项目最后一门考试，然后自己开车去了医院。孩子早产6周，在医院新生儿急救室躺了1个多月。为了省钱，他们住得很远，每天要开车1个多小时来学校，她还有一个10岁的儿子，没有父母帮她，也没请保姆，唯一可以帮忙的丈夫也在工作，但她从没有缺过一天的课。

“那你到底是怎么做到的？”我已经惊得合不拢嘴。

“我把所有的课都放在两天上完，我丈夫那两天就在家工作带娃。”她笑得露出满口大白牙，似乎这并不是什么太大不了的事儿。

我的预产期是7月底，而我们的夏天项目6月底开始。那时我的肚子已经不是西瓜可以形容，而是一个结结实实的超级大冬瓜。每天我的同学们看到我都会大张着嘴问，你什么时候生？我总笑着回答，随时。

我挺着一个大冬瓜出现在了开学典礼上做例行的15秒介绍：“我叫周春，以前在青藏高原保护野生动物。哦，对了，”摸着肚子，笑得一脸幸福，“这是个男孩。”

肯尼迪大厅爆发出热烈的掌声和欢呼。

奇迹般地，虽然上课的压力很大，课前阅读堆积如山，我的状态却一天比一天好，不吐了，胃口好了，前一阵由于孩子压迫脊椎造成的腰痛也没有那么厉害了，我每天都神采奕奕。唯一的问题是，由于肚子太大，我经常被卡在后排桌子和同学的座椅中间，无法顺利走到自己的座位上。我自己还没觉得多尴尬，有两个孩子的新加坡男同学马上挺身而出说你就坐边上吧。第二天，我在教室最后一排的门边有了一个自己的专属座位，那是一把苏珊从办公室拿来的舒适软垫椅。

跟国内很不一样，美国这里的硕士其实是一个职业技能学位，学习的都是从事此项工作最需要的实用技能。同学们大部分都是有相关工作经验的专业人士，因此往往一个知识点出来，大家会补充自己在实际工作中遇到的情况，一个人的经历往往又会启发其他同学的灵感，因此讨论时观点的迁移会非常快。像我这种英语不够好的人这时候就会非常痛苦，集中所有的精力勉强听明白他们讨论的东西，刚想插一句，发现话题早就不知道转到哪里去了。偏偏有些课的课堂讨论要占到总成绩的40%，如果一言不发，后面花再多的时间写论文和准备考试都无济于事。我异常焦虑。

协商课的教授是韩裔美籍女教授凯斯莉・洪（Kessely Hong），她有个硬性规定，所有学生一学期起码得去一次她的办公室，否则扣分。从小最怕老师的我也没办法，只好硬着头皮去了。不知道说什么，就谈起最近一直困扰我的这个问题——上课怎么才能参与发言。她身体前倾，脸上露出了非常关切的表情，然后认真地提了很多建议，比如在课前阅读时做好笔记，把自己的观点写在上面，上课就可以说了，或者也可以提前想好几个问题，一有机会就提。我问，那如果话题早就转移了呢？她说没关系，你就说我想接着之前的话题再说两句。如果实在不行，她说，我可以

和同学们在2016阿联酋新能源峰会。第一排左起第二个为作者。

做一个问题丢给你，你按照事先想好的答案回答就好了。听到这里，我已经感动得不知道怎么好了。

而我只是她班上55个学生中最普通的一个。这门课上到后来，我才知道原来我们班里还有盲人，还有抑郁症患者。如果不是亲耳从他们口里听到，我无法想象原来从座位的安排到讲课的方式全都经过精心的设计和安排。坐在前排的可能是我这样英语不好的，也可能是有学习障碍的，而凯斯莉每次放出一张幻灯片和看似不经意地解说，其实是在特意说给盲人听。她以一种最不显眼的方式无微不至地照顾着所有学生，保证每一个人都能像得到充分的阳光和雨露的植物一样，在她的课堂上焕发勃勃生机。那个学期，依旧在语言障碍上苦苦挣扎的我在她的课上拿了A-，而盲人成了协商实战中公认最难对付的对手之一。

在所有这些细节的关照之下，我挺过来了，并且为我的创业有针对性地做了很多准备。以前总怀疑，自己作为一个女性可能更擅长支持别人而不是领导别人，现在却鼓起勇气一头扎进了把很多人弄哭的实践领导力的课堂；对数字过目即忘却学了怎么做财务报表、怎么看论文中的实验数据；从来没在企业工作过却去学了社会企业创业；买东西不好意思讨价还价却硬着头皮学习了谈判；最后的最后，在课堂用英语说话都要犹豫半天的我，在最后一个学期，积攒起全身的勇气去挑战了演讲。

当然也有过非常艰难的时候，当说周末要带娃而没法开会时，合作论文的单身同学非常愤怒，连来调解的年轻助教都责怪说同时生娃和上哈佛大学是我的选择，我不能要其他人为我的选择做出牺牲。我一开始觉得她们说得对，并且为此深感自责，但后来哈佛商学院克里斯坦森教授（Clayton Christensen）的一个讲座彻底改变了我的想法。克里斯坦森教授是提出“颠覆性创新”（Disruptive Innovation）这一目前最热门的经济学理论之一的著名学者，但站在讲台上他分享的，却是自己刚工作时坚决拒绝双休日加班以便陪伴家庭的例子，故事中他的主管听起来很可怜，而他似乎不近情理。同学们发出阵阵大笑声。

他说最近几次经济危机之后的恢复期越来越长，因为目前的经济结构出现了很大的问题。大家一味追求资本最大化而把钱全部投入了提高效率、增加产能，忽略了对于风险性较高的颠覆性创新的投入，而只有后者才是能真正带来经济发展、创造就业机会的。他说同样的问题存在于我们每个人的生活中。他看到很多哈佛商学院的同学们在毕业20年后妻离子散，生活悲惨。因为每当工作与家庭发生冲突时，大家总倾向于选择那个能提供立等可见回报的选项——工作。谁也没有在毕业那天立下妻离子散的愿望，然而他们20多年来每天所做的选择却导致了这一切。

事业与家庭兼顾并不仅仅是个人的事情，给在职及在学的父母提供必要的支持是整个社会需要重视的问题。美国国务院第一位女性政策规划主任安妮玛丽·斯洛特为了家庭辞掉这份工作后写到，如果缺少来自社会足够的支持，能坚持家庭与事业兼顾的只有少数女超人，大部分普通女人只能选择放弃。我以为这就是现今社会女性普遍放弃自己事业的原因。其实并没有什么非要在双休日和下班后开的会，如果所有人都能尊重其他人的家庭生活，他们是可以像聚会时对待那些住得远的朋友那样，提前到达聚会现场，把一切都准备妥当的；或者，该放弃的，就得放弃。不管是男人还是女人都不应该因为在家庭和事业有冲突时选择家庭而觉得羞愧自责，恰恰相反，应该反省的是这个把家庭与事业对立起来的社会。

昨天我的儿子刚满16个月，亲着他胖胖的小脸，我的心中幸福满溢，我很庆幸自己做了这个决定。孩子非但没有成为我的累赘，反而成了我生命中最大的惊喜。每天累得死去活来回到家时，看到他纯真的笑脸，所有压力和抑郁都消失殆尽。是他让我知道无私的爱是如此美好；是他教会我如何照料好自己以便呵护另一个生命；是他让我学会选择和放弃，专注于对我而言最重要的事。

为了我们的小胖子

在充满现代感的哈佛创新实验室与两位创业小伙伴喝了无数咖啡，在美国东西海岸和日本南部考察了好几个有机小农场及不同的生产经营模式后，我踌躇满志地回了国。家乡以水蜜桃闻名，彼时想法很简单，鼓励大家选择有机种植，然后在桃树下养鸡，那样单位面积的产出会翻好几番，收入自然也会翻好几番。这样的收入不仅能提供桃农有尊严的生活，还可能让很多年轻人选择留在土地上。7月底的炎夏，我带着小伙伴们兴致勃勃地去同学妈妈的桃园摘桃子。一番对话下来，很快发现我们基于发达国家有机行业现状的创业计划对于中国来说过于超前。

桃园要实现有机种植得有3年的转换期，而家乡的桃农，或者说整个中国都没多少桃农知道怎么有机种植。我们面临的窘境和桃农一模一样：没钱也没技术。

我们开始疯狂找各种各样的人聊天，如著名的有机种植实践者、农学教授、政府部门、农业投资人。发现国内的有机产业从技术到管理到市场销售都远远落后于发达国家。技术方面，大部分农学教授只有理论知识完全不懂种地，会闹出指着冬天北方的土地说这是土壤板结的笑话；有几十年种地经验的农民呢，完全不觉得化肥农药对人有什么不好，觉得有机种植就是回到解放前的纯粹胡闹。市场方面，生产端都告诉我们说卖不掉，但资本端都说卖从来都不是问题，主要是供不上。

怎么破局?

光靠聊天和空想显然是解决不了问题的，我们决定先弄一个MVP（最小化可行性产品）看看问题到底在哪儿，如何解决。我们决定先从生产周期较短的鸡和有一定技术的小农场开始攻起。我们很快和崇明两家生态小农场谈妥，合作养一批鸡，准备过年卖掉，用最小的代价走一遍从生产到销售的全流程，看看问题到底出在哪儿，破解的方案又可能在哪里。

两个月下来，鸡苗大批死亡。

我和合伙人宋歌第二次动身去日本，除了找资金，更要找技术。我们通过日本的朋友知道了一家有机鸡场，正是我们想要的标准和技术。找了3个中国朋友和4个日本朋友通过邮箱、电话轮番轰炸，希望可以过去参观，可惜由于联系得太晚，但每次都被无情拒绝。我问日本朋友，能不能直接冲过去？日本朋友说别别别，他们会吓死的。我们还是不死心，决定继续等待。为了省钱，我俩住在东京的一处破旧民宿里，客厅里没有椅子，我和宋歌就歪靠在地垫上，盯着厨房柜子上为防止门掉下来而贴的不粘胶，歪歪扭扭的。宋歌原来是做投行的，住惯了高大上的酒店，我知道她是为了迁就我才住在这里。

我盯着她看了一会儿，说我觉得我们公司可能永远也没办法帮你赚到你想要的南京路公寓，你想想清楚还要不要继续干下去。没想到她笑开了，说你傻啊，听不出来我那是开玩笑的吗？她问我最担心的是什么。我说，我怕我永远也回不到小农身上了。说着眼泪居然就掉下来了，自己都吓了一跳。我说，你看，我们是企业，从成本角度看，要活下去，跟有机大农场合作才是正途，和小农场合作完全没有道理，帮助小农就更遥遥无期了。而且如果有一定积蓄和人脉的生态农场主都没法盈利，我怎么能呼诱连面包都还没有的小农说，跟我奔着生态环保的理想去？她等我平静下来，认真地看着我说，我觉得和有特色的小农场合作才是真正有意思的。我去过意大利的那些小农场，特别棒。当然，没有足够的技术和资金支撑，小农场要想盈利将是一场漫长的征途，少则四五年，多则10年。想让一无所有的小农往这条路上跟就更久了。在那之前，为了活下去，我们只能先找有技术有理念的大农场合作，用这部分赚到的钱养活我们的理想。

我们最终还是没能参观这家鸡场。

回到家，长出7颗门牙的儿子已经学会了啃鸡腿，那股牙不够、表情来凑的认真劲儿逗得全家人前仰后合，但边笑我心里边隐隐作痛。我看了很多养鸡场，知道他啃的鸡腿里可能残留了有害物质，土壤里的重金属、饲料里的激素、抗生素和农药，最后都可能积累在他幼小的身躯之中。成规模的养鸡场食品安全经常无法保证，不成规模的生态小农场又无法持续供应，这就变成了两难，除非我像另一个团队成员那样，7岁前不准自己孩子吃鸡。

先生是生物专业，听我说完后说你别瞎想，至少抗生素是低毒的，没什么问题。我说是吗？四环素金霉素都没问题？他的脸色忽然就变了，说这些是高毒抗生素，国家不是早就禁了吗？我说我在很多鸡肉检测报告上都看到了。然后我俩就沉默了。

我说现在在中国做安全食品真的太难了，资本市场很浮躁，大部分有机大农场有巨大的赚钱压力，为了销售数据好看，质量监管就很容易出问题。有坚守的小农场主呢，自己本身的技术又不过关，完全靠天收，根本坚持不了多久。小农则大部分连农药喷洒的食品有毒都不知道。

他想了一会儿，忽然正色说，那你就改变整个中国的食品生态，为了我们的小胖子。

小胖子是儿子的小名。我愣了一下，想起了当时递给哈佛大学的申请书，是啊，上天在我递上那份申请时给了我小胖子，是不是就是为了给我坚持下去的动力？

可是改变整个中国的食品生态……我的老天爷！我原来只是想帮帮处境艰难的乡里乡亲，为什么做着做着就发现必须要改变整个中国的食品生态？这个愿景太大了，我几乎没有底气说出来。然而初进肯尼迪政府学院时教授的话突然在耳边回响："如果你的梦想不让你感到害怕，说明它还不够大。"

再想想，又不那么怕了。其实想要实现我一开始的愿景——支持小农以生态农业维生，可能必然是要走到这一步的。在中国目前有待完善的食品安全状况和诚信体系下，如果连小农都可以以生态农业维生了，可不就是要改变整个中国的食品生态，彻底扭转有机认证乱象及劣币驱逐良币的市场吗？

山再高再大，当你看向脚下，所要做的，也就是迈出下一步而已。我目前要迈出的下一步，不过是找到可靠的技术，和小农场一起把鸡养好，并没有那么吓人。不仅不吓人，在路人听来，可能还有些后现代主义的荒诞和搞笑。

什么是人生的意义？曾是传教士的克里斯坦森教授说，上帝最终评判你时，并不看你所处的阶层多高或取得的成就多么辉煌，他无所不看，他会问你，当那个人向你求助时，你有没有帮他变得更好？

我甚至都不在乎上帝怎么看，我只在乎自己怎么看：我有没有让自己感到失望？我有没有为自己觉得正确的事情而努力？

你呢？

未知的旅程

康静

如果说高考之前的6年是一条山路，只用闷着头用力往前走，那么，高考后的人生就变成了一片没有终点的森林。没有前人铺好的路，只能一步一步试探着向前。有时，毫无预警的一阵倾盆大雨，会让原先计划好的道路变得一片泥泞，寸步难行。但大雨过后，明亮的阳光从树叶缝隙中欢快地洒下来，拨开一丛树枝，一条小溪调皮地淌过，刚才的恼怒和无奈又似乎有些好笑。你可以享受溪水的甘甜和阳光的明媚，可是你不能停下来，即使明知前方会有新的泥泞和暴雨，还要继续向前。慢慢地，你开始学会勇敢地面对雨点的拍打和摔跤的疼痛，并因为这些拍打和疼痛，在下一次阳光洒下之时，愈发感受到它的灿烂和温暖。

——康静

康静，出生于湖北武汉市，祖籍河北省。2009年北京大学法学本科毕业后，曾作为交换生就读于墨尔本大学和哥伦比亚大学，其后就读于日本东京大学法学院，毕业后进入哈佛法学院，获法学硕士学位。近年暂居纽约，就职于美国诉讼大鳄Debevoise & Plimpton律师事务所，以替跨国公司解决各类商业纠纷和帮助政府调查为职业，拥有美国纽约州各级法院、地区联邦法院及联邦第一巡回法院的出庭资格。

首先大言不惭要说明的是，我是状元，2005年湖北省文科高考状元。所以，那年高考过后，我作为学生的人生在世人眼里就变得很无趣了。反正是，要么北京大学要么清华大学，毫无悬念。当时，我没有去卖猪肉或是做尼姑的念头，也就很配合地进了北京大学。2005年的时候，文科状元的专业选择基本上不出金融经济和元培实验班（北京大学学科综合项目）。其中，金融专业极热。长年对数学兴趣寡淡的我，对金融很不感兴趣。但听说中文、哲学、历史专业毕业了会找不到工作的情况后，我也就没考虑它们。那时的我，对希拉里、撒切尔等一众女强人极其崇拜，在对人家教育背景进行彻底深入地考察后，发现这帮姐儿们统统有法学背景。我对当律师缺乏兴趣，但看人家学了法律之后，又是政治家又是外交家，退休了有兴致还能从个商之类的，就觉得法学专业简直是十全专业。于是，我选择了法学专业。

北京大学法学院的学习生活几乎满足了我对于大学和法学这门学科的所有想象，在北京大学这么个连犄角旮旯都漂浮着历史感和使命感的地方，本来就喜欢把时间花在思考人生、社会、命运这些形而上问题上的我，更是对每一点浸淫在空气中的理想主义毫无抵抗力。彼时的男友在这一点上更是有过之而无不及，所以我们的花前月下大都以严肃和热烈的哲学或政治讨论为主要活动。对于毕业后做什么虽还没有太多的考虑，但指导方向很明确，坚决以为国家和人民做贡献为己任。

大学三年级那一年，我出国了。第一学期就读于澳大利亚墨尔本大学，第二学期就读于美国哥伦比亚大学。当时想法很简单：提高英语水平，学习西方国家先进的法律制度，回来为建立健全社会主义法制体系尽微薄之力。万万没有想到，这一年会对我未来的人生道路产生根本性的影响。

墨尔本

刚到墨尔本的那一个月，有一种绵羊生生掉进了狼窝的感觉。墨尔本大学延续了英国传统，学生生活以Hall（大厅、会所）为单位，除了去学校上课，吃住学玩都在Hall里。在新生刚到的第三天，我们就被勒令换上红、黄、蓝、绿色的Hall衫，脸上涂上荧光色去游街，浩浩荡荡壅堵交通不说，还要高呼各种无厘头的口号。

虽然是一个人一间房，但大家平时都不怎么关门，邻居随时可以进来串门聊天。Hall里有一个类似于学生会的团体，经常组织各种活动，派对几乎周周有，平日里还隔三岔五地搞个烤肉、野餐、冰淇淋1小时之类的。每周二周四晚，还要打扮得像哈利·波特一样，套上巨大的黑袍，鱼贯进入浩大的礼堂（食堂），正襟危坐地花上两小时吃一顿三道菜的集体晚餐。总体感觉是，几乎没有什么人在学习。

习惯于北京大学从上午8点到晚上9点的排课，课间空档还看会儿书的我，完全不能理解如此这般把大把大把的时间花在聊天社交和玩乐上的意义何在。作为一名中国应试教育下的优等生代表，长年艰苦卓绝的学习生活造就了我极强的自律和自控力。时间一定要花在有意义的事情上是我绝对的人生信条。所以当我被hall友拽着去侃大山、喝啤酒、看娱乐节目的时候，内心的负罪感像牛反刍似的一波接一波地往上涌；但另一方面又觉得，体验异国文化也是出国交换学习的主要目的，必须抱有开放的心态。

就在这种纠结中，我第一次画了烟熏、描了眼线、涂了睫毛膏，第一次去酒吧一口吞了龙舌兰、跳了热舞。当然，也第一次上了讲台，用英文做了半小时的报告，写了4000字的法律学术论文。

临近期末的一天，我正在房间里头悬梁、锥刺股般地准备考试，隔壁房间的几个姑娘敲门说，她们准备一起到后院的草坪上去看书，问我要不要一起去。看案例看得两眼发直的我摆摆手说“不了”，却受不了她们的死磨硬泡，还是被拖着去了。一打开通往草坪的门，一股清爽的凉风“哧溜”地钻进来，用劲一吸，顿觉畅快。一大团一大团的云彩在透亮的天上，懒洋洋地停留着。草坪上已经有三三两两的hall友，有的架着墨镜煞有介事地盯着书本，有的则四仰八叉地躺着，书摊开着盖在脸上。我找了个树荫坐下，掏出案例，翻到之前看的那一页。阳光从树叶缝隙间洒下

来，化成一个个形状不一的斑点，微风吹过，那些斑点便活泼地跳跃起来。十分钟前还是死气沉沉的书页，转眼间仿佛有了生气。“在那一刹那，我的内心突然一片宁静。原来生活也可以过得这样简单惬意。原来，生活有很多种。” 2007年的12月，我在日记本上记下了这样一段话。两星期后，当我带着这种心境回到北京竟然觉得自己在不到20岁的年纪时已经大彻大悟了。

纽约

可惜，这种所谓的大彻大悟并没有持续很久。两个月后，当我坐在美国哥伦比亚大学法学院的课堂里，周围同学已在电脑上记下半页的笔记，我还在琢磨着怎么组织语言时，那什么“生活本来就有很多种方式”的想法已恍如隔世。

美国法学院采用的是苏格拉底提问式教学，课前先把上百页的阅读材料看了，上课老师拿一座位表，随机点名。若是答不上来，便被老师直接跳过，多次答不上来，便是“三振出局”。但若是答上来了，也要被继续追问，左右都没有舒服的。由于交换生只能选二三年级的科目，所以教授的课程讲授都建立在学生对美国法律已有全面了解的基础之上。我在中国学了两年法律，法律的基本概念虽有，但美国法独特的案例法体系，以及很多中国法里没有的概念，却是我之前从未接触过的。每天去上课，都有一种上战场的感觉，只不过，冲锋的念头绝对没有，只求保住小命、不陷阵就行。

于是，在纽约的那半年，什么派对、喝酒、唱歌、跳舞，基本上与我无缘了。课外所有的时间几乎都用来看案例，一遍不懂再看一遍。虽然慢慢地，课堂上被提问也能诌上几句，有时还能壮着胆子主动发言，可是内心的惴惴不安只有自己知道。案例无论读多少遍，理解仍是停留在表面，抓不住重点。从阅读到消化，再到把自己的分析用英语表达出来，总觉层层隔纱。即使期末成绩不错，我也很清楚，跟美国同学相比，实在还差得很远。

学业之外，生活上也不算省心。跟在墨尔本交换时不同，在美国的学费虽是全免，但生活费仍需自己负担。2008年的时候，美元兑人民币汇率接近8%，随随便便买个三明治换成人民币都是50多元钱。那时国内的物价也还低，在学校食堂吃一顿饭不超过5元钱不说，即使在外面吃饭也很少人均超过20元。爸妈虽给了足够的生活费，但一天吃饭就花掉100多块钱实在是超出我的心理承受范围。开学没多久，我就想出一个省钱的妙招，即在学校对面的中餐馆买一份午饭套餐，一饭一菜一汤，中午一半，晚上一半。即使这样，我也从来没有觉得自己贫穷，只觉得每天充满了挑战，总有学不完的东西。看书看累了发呆做白日梦时，就幻想着自己有一天也能泰然自若地站在法庭，字字珠玑，谈笑间，樯橹灰飞烟灭。

一日，在宿舍楼层公用厨房间下面条，同楼的一位中国同学正好走进来，便邀他共食。两人正吃得酣畅淋漓之际，这位仁兄突然问我毕业了以后准备干啥。我想了会儿说："考公务员？要么，考不上就去律师事务所工作？"他抹抹头上的汗道："你为啥不考虑到美国来读法学院，毕业以后在这边做律师呢？这边律师水平高、薪水高、社会地位也高。"我"噗嗤"笑了出来："在美国做律师？那得有多难，何况人家干吗要招一个外国人？"他一本正经地看着我，说道："你还这么年轻，英文底子又好，为啥不试试？有几年在美国的工作经验，哪扇门会不向你打开？"

接下来的日子，我开始很认真地思考来美国读法学院的可能性。美国法学院有两类项目，为期1年的硕士项目，以及为期3年的博士项目。硕士项目主要面向已完成法律学士学位的国际学生，博士项目则主要面向美国本土本科毕业生。由于美国与大多数国家不同，法律是研究生教育，本科不开设，博士项目实际为法律的初始学位，也是美国法学院国际化以前的唯一学位。2006~2007年间，由于外国对华投资达到顶峰，美国律师事务所也很乐于聘用已有中国法学学位，具有中国执业资格和经验，在美国完成硕士项目的中国籍律师。但2007年后，供求市场迅速翻转，由于各大美国律师事务所纷纷在华开设办公室，对华相关业务也转移到中国本土进行，美国办公室便基本不再雇用中国律师，已雇用的律师也被纷纷派往中国。自此，如想在美国本土就业，除非与美国学生一样，在法学院完成3年的博士课程，否则几乎是天方夜谭。由于法学院与医学院和商学院类似，几乎完全没有奖学金，3年的学费和生活费对于当时大多数中国人来说都是天文数字，再加上3年的时间成本，所以到美国法学院攻读博士项目需要很大的决心和勇气。

我把这一想法告诉父母，一向全力支持我的父母又一次表示极力赞同。虽然内心还是有些犹豫，但对美国法学院的向往，和对毕业以后光明前途的憧憬，使我最终还是下定决心迈出这一步。

美国法学院的申请与美国本科和大多数研究生院不同，有着明确的硬性指标。基本上，美国法学院入学考试（LSAT）和本科平均成绩够好的，总会被排名前10名的法学院录取，申请作文和推荐信都不过是加分点。了解这一情况后， 我便觉得可以高枕无忧了。本科成绩是没有问题的，而对标准化考试攻无不克、战无不胜的我，自然也不会在LSAT考试上失利。

世事难料，在申请就读美国法学院这一事上，上天跟我开了一个极大的玩笑。最自信的标准化考试，我竟考得惨不忍睹。分数出来，显然是与前10名的学校无缘了，可我像是没有消化这一现实似的，竟然鬼使神差地只申请了前10名的学校。毕业当年的2月，当收到一封又一封散发着迷人墨香的“拒信”时，我陷入了“华丽丽”的恐慌中。无论是考公务员还是保送研究生，都早已超过申请时限。而律师事务所基本只从本所实习生中招聘，更不用说毕业当年正值经济危机，很多事务所都进入了雇用冰冻期，有些甚至撤回了已经发出的雇用通知。于是，我开始一天一天努力让大脑学会接受毕业即成流浪狗这一迫近的现实。

接下来的事情有了一个戏剧性的转折。4月，院里登出了日本东京大学硕士项目招生。与其他海外留学项目不同，该项目非英文项目，也不要

求有日语基础，而是设置半年时间进行语言学习，来年春季按照日本当地惯例开始新学年，并类似国内法学硕士学位，旨在培养有专攻领域的研究型人才。东京大学的学术声望对有名校情结的我而言有致命的吸引力，而流利掌握一门第二外语更是我多年来的夙愿。但不可否认的是，对完全没有接触过日语，对日本动漫游戏、日剧明星无感觉的我来说，内心深处总觉得日本是个有些奇怪的地方，去日本生活简直是一个玩笑。最后，大概是受走投无路的压力和残留的最后一点青春的冲劲的驱使，我还是递上了申请。

总之，毕业这件事有了一个所有人都意想不到的结尾。2009年9月，当我从日本成田机场拖着行李箱出来，听到机场广播咿咿呀呀温柔的日语女声的那一刹那，我恍惚觉得，自己来到了火星。

日本

到日本之后的第三周，我仍然觉得，这是一个多么奇怪的地方。这个电子产品闻名于世的国家，网络从安装到开通却需要两周时间。手机型号五花八门，没有一年以上的居住资格却无权申请。由于我的签证还在过渡期，无法申请手机，宿舍里的网络又还未接通，所以在刚到日本的第一周，我处于与人类社会彻底失联的状态。语言不通真的是一种很奇怪的感觉。当送我到宿舍的学长关上门离开，天慢慢黑下来，周围一片寂静时，我很真切地觉得，如果在那20平方米的小房间里就这么翘掉了，大概也要到尸体发臭了才会被人发现。

为了保证能够心智健全地度过接下来的两年时光，我开始玩命一般地学习日语。每天一起床，第一件事就是把电视打开，新闻、娱乐、电视购物，管他什么频道，有什么放什么，刷牙、洗脸、吃早饭时也不间断。出了门跳上地铁，就竖着耳朵听车内广播，默默地一板一眼跟着念。学校虽有日语课，但课堂太大，基本没有练习口语的机会。我就每周两次到社区服务中心，和勤劳善良有耐心的日本主妇太太志愿者们说话。走在路上，每碰到一个看板，都多盯两眼，看明白上面写的是什么才罢休。去餐馆吃饭，即使同行的小伙伴已饥肠辘辘满脸埋怨，也必须要把菜谱一行一行从头看到尾。如此行为举止，在不明所以之人看来，我的智力水平与身份之间有待商榷之嫌。

好在上天不负有心人。来到日本第四个月某一天，我出了家门，进了常去的咖啡馆，年轻美貌的服务员小姐开口，发觉“火星语”忽然变成了人类的语言：“小姐这是您的鸡蛋三明治和咖啡，零钱找您45分，咖啡小心烫。”那一个一个的音节跳出来，在我耳中“叮咚”作响。上了地铁，只听“列车马上就要开动，请握紧扶手，小心脚下。”到了学校，在教室的楼道里查阅公告板的通知，旁边的两个学生嘟囔：“又要换教室，真麻烦。”那带着怠意的声音飘入耳中，我只觉一阵狂喜。之后的整整一天，我都像是获得了新生，嘴角的傻笑无法抑制。

之后的日子里，我的日语几乎每过三四个月就会有一个质的飞跃。从进行日常交流，到上课理解教授的讲授和学生的发言，到参与讨论，在派对上开无伤大雅的玩笑。到了第二年下半年，我已经可以用日文写论文做报告了。

在日本待的时间越长，越觉得生活再不能更舒服了。每周3天上课，两天在当地的律师事务所兼职，闲暇时间跟朋友吃吃饭、喝喝茶、逛逛商场。有时自己鼓捣两个小菜，倒上一杯红酒，只有惬意无限。到了写毕业论文的半年，每天按照定下的进度研究写作，再留出几个小时休闲，宁静而又充实，觉得生活再不能更美好了。做学问之于我真是一种享受，就像是搭积木，在思考中，从无到有。其中虽经常需要试错和修改，甚至是推倒重建，但每当思考有新的突破，那种充实和成就感简直无与伦比。所以到临近硕士毕业，我决定不继续读博士，而是又开始琢磨着到美国读法学院时，只觉得自己真是犯贱。

凡是脑子稍微清醒一点的人，大概都不会理解我为什么要那么折腾，其实我自己也没有答案。多少有当年挫败留下的不甘，但更多可能是对日本舒适但过于安逸的生活的不经心。夜深人静时，时不时会回想起在哥伦比亚大学交换时每天充满挑战的日子，那种因为不够自信的惴惴不安，和因为惴惴不安想要更加努力、超越自己的决心。那是24岁的我想要的人生。对这一点，我没有半点犹豫。

至于申请什么项目就让人头疼了。就像上文写到的，法学院有3年博士（Juris Doctor，简称“JD”）和一年硕士（Masters of Laws，简称“LLM”）两种项目。由于美国法律市场的封闭，毕业后无论是执业做律师，还是做学术，JD学位都是敲门砖。而如果只有LLM学位，甭管之前在美国之外有多丰富的法律学习和工作背景，美国雇主都缺乏兴趣。可对于已经读了6年法律的我来说，花精力和财力再去读上个3年美国法律，也着实不是个让人欢欣雀跃的计划。思前想后，最终还是决定申请一年的项目。

申请递出后，马上就是东京大学的毕业答辩，答辩结束到8月法学院开学间隔有半年的时间。两年来一直孜孜不倦申请联合国实习项目的我，也在毕业前夕终于得到了在联合国总部法务部做研究助理的机会。就这样，我告别了生活了两年、无比喜爱的东京，登上了去纽约的航班。

重回美国

时隔3年再次回到纽约，陌生的同时却又感到无比熟悉。时代广场的流光溢彩和汹涌人潮，地铁里的流浪艺人和觅食的硕鼠，遍布在每个街角的星巴克咖啡和香味永远胜于味道的土耳其餐车，一切几乎毫无改变。很快的，我也习惯了每天搭上同样的地铁，在同样的地方下车，走进同样的大楼，在这个公认为全世界最伟大的城市平静地度过每一天。

在联合国总部的助理工作虽有趣但缺乏挑战性。在经历了最初可以自由进出总部大楼，参加各种国际议题会议，偶遇国家代表和政要的新奇和兴奋后，日常工作的机械和步调的缓慢就逐渐凸显出来。好在同事们来自世界各地，每个人都有许多有趣的故事，办公室里每日都充满了笑容和朝气。

4月的一天下班后和朋友吃晚饭，突然接到同学的短信说是对哈佛大学的申请出结果了。回到家登录邮箱，我看到信箱里有一封题为“Harvard Law School Application Result”的未读邮件。房间里顿时安静得只听得见自己的心跳。鼓足勇气点开邮件，正文第一行的“congratulations”径直跳入眼帘。那一瞬，终觉如释重负。虽然一直以来并未觉得非哈佛大学不可，但学生生涯能够以这样的方式结束，也着实欣慰。

哈佛

8月下旬的波士顿已经是稳稳的穿长袖的节奏。哈佛大学校园里，茂密的树丛和葱绿的草坪填满了教学楼和宿舍之间所有的空隙，栗色的松鼠时不时从树上蹿下，坐在路边啃着刚拾得的松子，怡然自得。穿过本科校区便是法学院，几栋教学楼看似各自独立，地下却有隧道相连，据说是因为冬天路面都是积雪，为方便通行建造的。我住的宿舍楼和法学院主楼只有一个走道之隔，从宿舍的窗子望出去，便可见抱着厚厚砖头书的法学院学生们在宿舍和教室间来来往往。

经历本科在哥伦比亚大学交换的半年后，美国法学院的教学方式和课程设置对我来说已不再陌生，每节课浩茫的课前阅读也不像当年一般吃力。有了空闲时间，便开始琢磨怎么能够更好地利用这短暂的一年时光。一天，邮箱里跳出来一封题为“杰赛普国际法模拟法庭招募成员”邮件，我的心脏一下子跳慢了半拍。杰赛普模拟法庭是全球规模最大的模拟法庭比赛。每年，世界主要国家都会在国内举行选拔赛，选派队伍参加在美国华盛顿举行的国际总决赛。从本科起，我就一直梦想着能参加这项赛事，但因为出国交换学习两次错过了时机，没有想到在学生时代的最后一年能够重新遇到这样的机会。可是对于是否要参加选拔，我却犹豫不决。一项英文模拟法庭赛事，哈佛大学有可能选派一个英文非母语的成员参加比赛吗？参加选拔既要书写案例分析，还要参加口头测试，对一个可能性近乎于零的机会，花这么多的功夫是否值得？但一方面如果连试也不试，我知道自己一定会后悔。左思右想，最终还是递上了申请。

收到录取通知的时候，我那个高兴劲儿几乎赶上当时收到哈佛大学录取通知时的激动。尤其是在第一次全员会议，发现除我以外的四名成员皆为美国学生之时，说内心没有小小的得意绝对是故作谦虚。但最初的喜悦很快被紧张的参赛准备取代。我和我的4名美国队友，要在两个月的课余时间里完成赛题书面材料的书写，并在圣诞和新年假期后的3个星期内完成口头阶段的准备。不用说，在这以后的三四个月里，我所有的课余时间几乎都投入到了比赛准备中。书面材料书写阶段还好，进入口头准备阶段时，我才真正感到因为英语为非母语，与美国同学在一起时有巨大的压力。

口头陈述模拟海牙国际法庭的开庭程序，双方队员按照诉方和辩方的顺序分别向法官陈述本方立场并驳斥对方立场，法官有3名，可以随时打断进行提问。第一次模拟练习，我站在讲台上，只觉两脚发软，深吸两口气刚说了两句话，就被法官一个突如其来的问题乱了阵脚。之后的10分钟漫长得好像一个世纪。到最后我已听不清法官的问题，也不知自己说了什么。等陈述结束，走下讲台重新坐下，我才发现后背已经汗湿。

面对队友和教练质疑又担心的目光，我只想找个地洞钻进去。退出实在不是我的个性，但以我现在的表现，只会拖团队的后腿。我给自己放了一天假调整情绪，第二天醒来便开始仔细思考每一个法官可能提出的问题，列出答案提纲，并在心里模拟。有时还对着镜子大声练习，并把声音录下来，通过回放来检查自己的表现。果然，准备充分了，底气也足了很多。第二次模拟时，我明显没有那么慌张，回答也比之前有力了许多。陈述结束走下讲台，我明显看到教练和队友们严肃的表情放松下来。这样经过一次又一次的模拟，到正式比赛前，我的表现已经非常稳定。

虽然最后我们未能在美国东北赛区晋级，我的口头陈述却拿到了我们全队第二名的成绩。而在准备比赛过程中努力战胜自己的日夜，更成为我在哈佛大学的短暂一年中最宝贵的记忆。

与准备模拟法庭比赛同时进行的还有艰苦卓绝的找工作之旅。经历联合国实习后，我很清楚地意识到自己在这个年纪想要做更有挑战性的工作。而美国法律界公认的毕业后几年最好的培训莫过于在当地的大型律师事务所工作。这些律师事务所规模介于500至2000名律师之间，客户主要为大型跨国公司或是金融机构。业务一般分为诉讼和公司业务两大块。诉讼就是传统意义上的打官司，从合同财产到贪污受贿、杀人放火、内幕交易。公司业务则是帮助公司完成融资、上市、并购、破产。工作节奏快，强度大，与投资银行一样，以几乎毫无人性地不断挑战雇员的脑力和身体极限著称，一周工作50到80小时是寻常事。但这些事务所也聚集了全美最优秀的律师，是无数法学院毕业生挤破脑袋想要得到工作机会的机构。

正如上文提到的，只在美国法学院读了一年项目的外国人，毕业后能够在美国找到工作几乎是天方夜谭，更不用说进入这些顶尖的律师事务所工作。从进入法学院的第一天起，就业指导中心的老师就反复教导我们要积极求职，但更要有现实的心理预期，个中之意不言自明。

我要做诉讼业务的念头很明确。一方面是明知山有虎，偏向虎山行的老毛病，觉得作为一名中国人能在美国法庭上舌战群雄实在是帅气。另一方面也是因为公司业务在亚洲市场近乎饱和，但诉讼业务却处于刚刚萌芽的状态。我的想法是，随着中国公司在海外投资的发展，涉外法律纠纷也不可避免地会增多，那时，一定会需要通晓美国诉讼程序并有国际诉讼仲裁经验的律师。

想法很美好，实践起来却举步维艰。第一步，给所有有亚洲业务的律师事务所人力资源部门写信，几十封邮件发出去，几乎全部石沉大海。这招不管用，我便频繁出入法学院举办的各种邀请律师事务所参加的活动，和律师代表攀谈，收集名片，等等。可惜这招也成效不大，邮件人家是回复了，但几乎全部都是你的背景很好，但我们现在没有空缺云云。接下来，我开始仔细研究各个事务所合伙人的教育背景、主要客户和业务领域，挑出有亚洲背景的，一一给他们写信。这么写着写着，突然有一天收到某合伙人的回信，说是可以在他们的纽约办公室见面聊一聊。我欣喜若狂，找了个没有课的日子，坐了大巴就去了纽约。聊了将近一个小时，觉得跟合伙人投缘极了，走的时候脚下生风，觉得一定有戏。一周后，却收到合伙人的邮件，说是虽然他很希望录用我，但所里最近确实没有需要，让我过几个月再跟他联系。在这之后，同样的戏码又上演了多次，波士顿和纽约间的大巴没少坐，但工作仍然毫无着落。

将近5月的某一天，突然收到在联合国实习时法国老板的邮件，问我是不是在寻找律师事务所的工作机会，并说他未经我的同意把我推荐给了他在纽约做律师的朋友，希望我不会介意。此时的我已经不抱太大的希望，一是这家律师事务所是全美诉讼业务最好的事务所之一，之前我发出的多封邮件都毫无回音，再就是觉得不过是跟之前一样，甭管聊得有多好，也不会有实际结果。

谁知，两天之后，我就收到了人力资源部的邀请，问我一周后是否有时间到纽约面试，之后，更是寄来了详细的面试流程和面试人员的名单。面试本身也毫无波折。由于在此之前已经经历了多次面试，整个过程我都非常冷静，面试问题也大都在意料之中。之后大概过了两三天，我就收到了合伙人的电话，告知我被录用了。

放下电话，终于有了踏实感。虽然找工作已有将近半年时间，希望和失望来来回回已记不清有多少次，但幸运终于降临的那一刻，还是觉得不敢相信。我将要有一份真真正正的工作了，而且还是在纽约全美最好的律师事务所之一。

写作本文之时，我已在纽约工作了将近两年的时间。两年前只在美国律政剧中看到的场景和情节，已经变成了日常的工作。直到今日，时不时还会有不可思议的感觉。从以开阔眼界的想法出国交流学习，到申请美国法学院失利；从短暂经历日本求学，到重回美国来到哈佛大学，最后落脚纽约；虽然不是按之前计划好的步调，但弯弯扭扭地走着，也走出了一条自己的路。今天的我，面临的主要问题是如何作为一个外国人，在美国白人男性绝对主导的美国法律界找寻自己的定位。回想10年前刚步入北大校门的我，是万万不会想到有一天我会在跨越半个地球的异国他乡，寻找关于种族、性别和身份认同问题的答案。

结语

《阿甘正传》里有一句有名到老掉牙的台词："人生就像一盒巧克力，你永远不知道会得到什么。"用这句话总结我高中毕业后到目前为止的

10年，应该再恰当不过了。如果说高考之前的6年是一条山路，只用闷着头用力往前走，那么，高考后的人生就变成了一片没有终点的森林。没有前人铺好的路，只能一步一步试探着向前。有时，毫无预警的一阵倾盆大雨，会让原先计划好的道路变得一片泥泞，寸步难行。但大雨过后，明亮的阳光从树叶缝隙中欢快地洒下来，拨开一丛树枝，一条小溪调皮地淌过，刚才的恼怒和无奈又似乎有些好笑。你可以享受溪水的甘甜和阳光的明媚，可是你不能停下来，即使明知前方会有新的泥泞和暴雨，还要继续向前。慢慢地，你开始学会勇敢地面对雨点的拍打和摔跤的疼痛，并因为这些拍打和疼痛，在下一次阳光洒下之时，愈发感受到它的灿烂和温暖。

在追寻中创造，在辛苦中成长

曹嫄

如果你想知道你的榜样在哪里，你的老师在哪里，你的朋友在哪里的话，那么就试着像我一样，走一走通往哈佛法学院——或者你的心目中最神圣的理想的道路吧。毕竟，工作会变换，敌对会和解，知识会流逝，但是这一路上遇见的鼓舞与帮助，榜样与激励，都将会让你、我，以及任何一个追逐者保持乐观的心态，有勇气向天涯海角迈进。也许，这就是为什么，哈佛大学的年轻人，能够走向这个世界上的所有地方。

——曹嫄

曹媛，出生于甘肃兰州。高中时代入学于西北师大附中理科竞赛班，后经化学竞赛而保送北京大学心理系。在校期间，她热心于媒体、环境和国际交流方面的课外活动，并在《读者》、纽约时报社中文网站等媒体实习，同时亦保持着对心理机制与公平概念的浓厚兴趣，于毕业之际完成脑电研究，发表SCI论文。

毕业后她曾在北京致诚农民工法律援助与研究中心实习，参与设计中国第一个公益私立法学教育项目，并为学生们教授《中国宪法》。次年，入学于哈佛法学院，积极参与哈佛亚洲法律协会、中国法学会等着力帮助亚裔发展的学生组织；目前正于新英格兰法律协会、中国发展银行实习锻炼，同时作为自由撰稿人积极关注科技、法律与商业的交叉前景。

即使已经逐渐习惯了在哈佛法学院的埋首苦读和新英格兰的宁静风情，我仍然喜欢在有时间的时候翻出一直以来最喜欢的和哈佛大学有关的电影《社交网络》，看杰西·艾森伯格所扮演的年轻的扎克伯格，是如何在电影开头被女孩子拒绝以后一路小跑，绕过广场上的报刊亭，穿过傍晚露水湿透的草地，路过校园中心正在拉大提琴的演奏者，然后一头扎进自己在哈佛大学柯克兰宿舍的房间里，拿出一瓶啤酒便开始专心致志地编程。第一次看到这个镜头的我，不过十七八岁，在屏幕前感动得热泪盈眶，丝毫不知道在将来的几年里，自己也会这样一路小跑，从神经科学实验室里精密复杂的器材旁边跑过，从公益法律事务所里充满热情的少男少女身边跑过，一路跑进我的热爱——哈佛大学课堂里。

这一切都要从我大学三年级那一年的夏天说起。

未名湖畔，功不唐捐

那时我在北京大学心理学与神经科学学院的学习逐渐走向了尾声，夏季的燕园里，和蝉声一样躁烈的是年轻的野心。与我同届的学生和朋友们，都差不多选定了将来的道路，或是选择继续深造攻读更高的学位，或是选择走出象牙塔去在社会的浪潮中一试身手。我不难想象，在10年或者20年之后，如果他们中的一人回想起这一路的风起云涌，便将会不可避免地回忆起这个夏天，一切的一切是如何欣欣向荣地迎来了开端。而与此同时，我却仿佛第一次发现缤纷的学术与课外活动的安全领域之外，还有另一个更大的世界。

在那个6月之前，我近乎贪婪地享受着大学里所有的新鲜和可能。高中时代的我就读于理科竞赛班，在建于群山之中的校园里，和几十个希望通过学习改变人生的有志少年一起埋首于题海之中，在纯粹的环境和激烈的竞争中，没有多少闲暇考虑课外的兴趣。北京大学以她的广博为我打开了另一扇窗，让我眼花缭乱：我被系主任所做的神经科学的演讲深深打动，从大学一年级起就开始了在多个实验室间“流窜”听组会的生活。后来看着光鲜的学生活动心中产生羡慕，又幸运地挤进北大的学生国际交流协会，和一群上能讲情怀、下能干实事的同学一起大张旗鼓地办学生论坛；同时还不忘曾经萌生的不着边际的文学青年梦，一边做校园报纸的主编，一边在新媒体实习。还有细碎的际遇更数不胜数：在校园里和环保组织一起捡过矿泉水瓶，和中国、美国的学生一起去过县城支教，像模像样地穿着西服套装当过青年交流的会议代表，跟着北京大学文史哲专业的同学们一起每周读“孔孟”，甚至学习过至少两门语言。

我通过这样一场又一场的尝试与冒险，愈发地认识了世界和自身。当然，在这样肆无忌惮的选择与体验中，要选定自己日后为之努力的方向，也徒增了前行的难度。于是，当同龄人开始奔赴一场又一场的职场面试，苦读一本又一本的复习材料时，我决定给自己一个间隔年，拥有更多沉淀的机会，以开阔眼界，让自己将来有更多的选择。那时的我，虽然不像其他同学一样对下个月、下学期、下一年都有着清楚的计划，但是关于未来的大致理想，已经从以往所有的经历和尝试中隐隐地现出了轮廓。我认识到自己对于社会生活和规则制度所抱有的广泛的热情，也意识到自己在学习和工作中与人相处的愿望，更发现相较于统计和编程，研究和写作才是自己的强项。就这样，一个念头逐渐在我心里渐渐产生——去学习法律吧。

法律，是一门平衡理想与现实的学科。它提供给愿意钻研和积累的职业者们可以在这个世界上立足的独一无二的知识与技术，也提供给充满野心和幻想的年轻人认识甚至改变这个世界的方法和途径。其中尤其令我神往的，是以学科范围之广、产出人才之多而闻名于世的哈佛法学院。他仿佛是一扇通往万千世界的任意门，能提供让你跟随位于众多跨国公司注册地的特拉华州颇具影响力的法官学习商业并购的课程；带着你远赴加纳，去体验和当地政府、非营利机构一道推动当地经济与福利发展的感受；邀请因为《欲望都市》而影响一代现代女性的莎拉·杰西卡·帕克和因为抗拒特朗普旅行禁令而被迫离职的代理司法部长莎利·叶慈，让他们在学生们的毕业典礼上发表演讲；然后目睹着毕业生们走向华尔街，走向州法院，走向这个世界上任何一个最令人景仰或是最被人遗忘的角落……

且慢，因为在展望理想之前，谁又不会被严苛的现实吓一跳呢？

即使是今天，选择申请美国法学院法律博士（Juris Doctor）的中国

本科生，也可以说还是少数。不同于大家所熟悉的“托福”和“GRE”（美国研究生入学考试），北美法学院入学考试（LSAT）在众多在线论坛里背上了一个“世界上最难的考试”的名声，也少见有人站出来对这个称呼进行反驳。更不用提法律这门学科本身对于语言的严苛要求，让很多人在“那是不是要读很多资料啊？”“课堂上法律专业词汇能听懂吗？”“法庭上能争得过美国人吗？”这三大问面前还没上阵就打了退堂鼓。的确，围观的人群中有太多的疑问，也有太多的杂音。我记得自己第一次打开某申请论坛的页面，十几页的帖子翻下来，绝大部分是悲观的声音：“只有考到多少分以上才有戏，国内还没有这么高分的。”“某某校每一年，顶多在大陆招一个学生，多少年都是这样了。”“那种大神，我们看看就好。”……

我并没有天生一副刀枪不入的意志来对外界的“不可能”这三个字一笑置之，看着那些网上被录取前辈的“神话”，有好几天感到情绪失落，沮丧不已。幸运的是，在就此怀疑自己之前，我决定先不受情绪干扰，理性地审视这些外界的信息。于是，在最初的犹豫之后，我试着通过深呼吸来让自己平静下来，然后尽可能地分析这些“唱衰”的声音。

说“不可能”的人是谁呢？——并不是权威的一锤定音。

他们这样讲的根据是什么呢？——很多人只是道听途说。

如何看待真正的失败经验呢？——每个人都各不相同。

一个人，一间房，一块闪着微光的电脑屏幕。当我由此直面心中的懦弱时，反倒生出了几乎是不可思议的勇气来。仿佛是看清了微弱灯光下重影的妖怪，不过是指肚大小的一块剪纸——反正这个世界上每年总有几百个人要被哈佛法学院录取的，那个人为什么不能是我呢？

做出了要在“间隔年”之后攻读法学，并且争取进入哈佛法学院的决定之后，我肩上课业的担子陡然加重，几乎要盖过这最后一年的离愁别绪。头一桩重大的事情，便是毕业论文。北京大学心理学院对于本科生毕业论文的要求，不亚于一篇正经的学术文章，有志于从事科研工作的同学们，早已将这一步视作未来系统研究的起点。彼时我还剩几门系里的编程课和政治课，学分压力并不轻松；因为已经做好了投身法律的决定，为了稳妥起见，自然是多一事不如少一事，花最少精力将论文交上就万事大吉。 可是另一方面，面对着院里鼓励学生探索世界，并且不吝提供大量资源和帮助的学术环境，我又实在不忍放过这样一个研究和认识社会的机会。何况，对于我这样即将要离开心理系这门科系的学生而言，如果能学以致用，真正通过自己的努力联系起神经科学和法律公正的关系，对我个人而言，既会是一个功德圆满的句号，也可能是一生只有一次的机会。于是，在与两位博士生师兄多次讨论完理论基础与实验范式之后，我站在了实验室的讲台上，投影仪的光在幕布上映出我开题报告标题的几个大字：“论社会阶层对公平感知的神经影响”。

从头到尾进行一项神经科学的研究，并不是一件简单的事情。从检阅前人工作的背景文献开始，到组会上报告实验范式，并接受全场审视，既要熟悉一套精密仪器的操作方法，还要在正式实验前进行小样本的预实验来检验理论预期是否合理。尤为挑战我个人极限的是，我的导师建议在实验中应用对时间和精力要求非常高的事件的相关电位技术，每一场实验从开始到结束需要三四个小时，仅数据统计这一项的工作量便十分惊人：事后收集的数据一屏上显示10秒内记录下的脑电波，又需要人工手动检查每一屏上有没有伪迹。合起来，整个研究总共预计需要做40场这样的实验，而此时，距离我毕业论文的提交只剩下3个月的时间。直到今天，我仍然清晰记得那3个月我是如何度过的。正常课业与复习之外，每一天都面对着大量的信息应接不暇，每一天都需要关注最微小的细节，从临时开始学习一门心理系为少数人理解的编程语言，到确保贴在头皮上的电极都能正常传导信号。

于是，期待中最为清闲的大学四年级生活风云突变，每天上完4个小时的课，又要做6到8个小时的实验。幸运的是实验室到图书馆的路途中间刚好是北大学生间口碑不错的燕南食堂。由此，晚上做完实验后能扒拉上两口干烧肉，然后再去图书馆。那时，北大小西门外通宵营业的茶餐厅和咖啡馆，成了宿舍熄灯后我的固定据点，花十几块钱要一份点心或者一杯咖啡，便能坐到深夜两三点，让我可以完成当天的作业，或是再读两篇研究文献。可能是和我有一样想法的学生太多，在我毕业一年以后，那条食街上通宵营业的餐厅便纷纷倒闭或者换了老板。尽管现在的我身处异国他乡，所做的工作更是和神经科学相差甚远，但是每每在课业工作繁忙的紧要关头，那午夜过后快餐混着咖啡的味道，都会从遥远的青春深处飘来，赐我“鸡血”而精神抖擞地披甲再上阵。

毕业季的燕园兵荒马乱，街头桌边是醉酒高呼“天下谁人不识君”的青年学子，宿舍楼下是执手倾诉“此情可待成追忆”的少男少女。我奔走在这个自己再也熟悉不过的园子里，看着柳芽生长、丁香绽放。身边的同学们充满憧憬地比较着录取通知、商量着前程。在偶得的空闲时间里，对于未来的不安还是在心底寻隙而入：万一我的实验没有出结果呢？万一这个研究对我的未来什么用都没有呢？万一我这么努力，却免不了还是成为一个失败者呢？

在埋头猛冲和自我怀疑之间，是师长的榜样力量让我安心下来，能平静地处理好每天的工作。我的导师周晓琳教授，是北京大学心理学系（北京大学心理与认知科学学院前身）的前系主任，教育部“长江学者”特聘教授，也是国内神经语言学、神经经济学与神经注意控制等领域的泰斗级人物。这样一位功成名就的科学家给我感触最深的，是每当我清晨赶在上课前去实验室交还设备钥匙时，总会透过办公室的门隙看见他已经开始伏案工作的身影。目睹着导师对于事业如此的热忱，我心中那点关于短期利益的患得患失，像日出之后的林中寒气一样，自然而然地消散了。更何况，每日与我朝夕相处的师兄师姐们，永远用热情和好奇来面对我时常显现幼稚的问题，在学术工作之外用笑声和外卖的香气填满小小的实验室空间，让我体会到了对集体的归属感。

我非常喜欢的一句话是这样写的，我们常常会高估自己能在一两年之内取得的成绩，却往往会低估自己能在10年以后达到的成就。我深切地理解面对短期目标时难以抑制的焦虑，仿佛玩键盘操纵的小人儿一级级在横杆上向上跳跃的电子游戏一样，一步踏错，便会坠落深渊。处于这样深切的迷茫中时，我有幸看到了我的导师数十年的工作所积累的令人敬仰的成就，意识到了一个勤勉上进的个体经年累月能够做出的改变。是这样的力量，让我当心中“这次如果失败了怎么办”的疑问再一次响起的时候，能够平静地回答“那也只是这一次而已”。而如果没有这样的幸运，不敢肯定自己对于未来抱有信心。我想，在做这件事情的时候与前辈朋友的交往带来的快乐，应该也能让我暂且打消自我怀疑——总而言之，无论是师长的谆谆善诱，还是同辈的欢声笑语，在我身处北大的最后几个月里，仿佛都化成了柔声细语的安慰。所以，每当日后有处于类似境遇的学弟学妹们忧心忡忡地来向我询问或是“人生的意义”这样的形而上学，或是“阅读速度怎么提高”之类的实际技巧时，我都会将北大留给我的这句温柔而崇高的安慰转述给他们：“不要急，要开心。”

现在想来，青年人面对未来时的不安和焦虑，其实是一种珍贵的特

权。在成人世界里随波逐流太久之后，再想回忆起那让人为之激动的、为之冒险的、为之焦灼的初心，也许并不是一件容易的事情。一个人漫长的一生中，能够作为理想主义者生活的日子，也大概总是短暂而奢侈的。当然，那个时候的我并不知道的是，几个月之后，LSAT考场上的我将因为这些日子锻炼的阅读能力而如虎添翼；半年之后，我能在简历上加一条“曾在SCI刊物发表文章”；当我在法学院面试的时候，电脑屏幕那头的不同学校的面试官会不止一次地问道，“你可以给我介绍一下你的这个实验吗”；当我进入法学院以后，加入的第一个学生组织也是法律与认知神经科学协会；而当我在哈佛法学院的学生工作中面向学生创业者提供志愿法律服务（pro bono work）的时候，更是大笑着发现手中的项目和当年我在实验中所运用的相关电位技术息息相关。

这所有意想不到的回报，都让我想起中学时代所读过的，北大的老校长胡适先生在1932年所发表的《赠与今年的大学毕业生》的讲话。站在一代代学生们曾经同样凝视过的未名湖边，站在一代代学生们曾经同样仰望过的博雅塔下， 80余年前他曾经对与我同样境遇的青年人说：“你得有一点信心。你要深信：天下没有白费的努力。成功不必在我，而功力必不唐捐。”

公益路上，手有余香

临毕业前，我开始琢磨起接下来的这一年应该如何度过。正在这时，我听说，之前曾有一面之缘的一位已经在哈佛法学院读书的师兄这个夏天将回到北京。抱着取经的心态，我与他约好等他有时间的时候向他讨教申请经验。师兄在谈话间提到，这次回北京将要在一家国内很有影响力的法律援助机构——北京致诚农民工法律援助与研究中心，进行3个月的实习。在我小心翼翼的请求下，师兄爽快地将我介绍给了致诚的实习生项目负责人。后来，我与这位可爱的律师姐姐相谈甚欢，她同意等到我毕业之后接收我成为当届国际实习生项目的一员。其实，对于我这种轻度“社交恐惧症”患者而言，每一次主动联系前辈师长之前，都要鼓起十二万分的勇气。后来，我试着改变自己的心态，避免成为“嗷嗷待哺”的弱者，将这些一时对我来说高不可攀的前辈们视作我未来的同行者，在每一次求助于人之前先做好功课，尽可能平等有效地与他们沟通。在这个过程中，我也逐渐体会到，人们对于一个真诚的追逐梦想的年轻人，愿意给予怎样的支持和善意。

2014年的致城，这座坐落在北京南城的二层小楼内的机构，给我印象最为深刻的，一是中午食堂阿姨出神入化的厨艺——让来自世界各地的实习生团结于红烧鸡腿前；二是各位专职律师，尤其是机构负责人佟丽华主任。在数十年来“接地气”地为陷入劳动纠纷的农民工、遭受家庭暴力的妇女，以及父母远行务工的留守儿童争取权益的同时，她时刻思索着创新的法子，并且以最大的热情欢迎着我们这般新鲜和不同的血液。当时和我同期加入的实习生，有来自中国、美国、澳大利亚各国的法律学生。因为致诚在国内的法律援助服务已经非常成熟，我们这些学生主要帮忙做的，是针对人口贩卖和国际劳工的研究和各国劳动法的比较。当我们结束了七嘴八舌的讨论、专心致志的研究，并且一同穿起西装走上了中国大学生公益法学讨论会的讲台之后，已经差不多两个月过去了。此时，各位实习生的暑假都差不多结束了，纷纷返回了校园。这时，致诚的佟丽华主任向我询问，愿不愿意留下来，接着进行一个新的教育慈善项目——中致法学实验班。

中致法学实验班，如同它的名字所表意的那样，是一个颇具实验性的项目。按照计划，致诚将在全国范围内邀请20位高中毕业但是因为种种原因未能进入大学的学生参加该项目，由各位律师担任教学辅导工作，鼓励他们通过成人自考获得法律学位，最后冲刺司考。在最理想的情况下，这些学生们也会和他们的“老师”一样，加入中国公益律师的队伍当中。而致诚向我提出，希望我能担任这些孩子的第一任老师，教授自考的一门必修课——宪法。这样“授人以渔”的理想状态深深打动了我，同时，加入一个崭新的项目和一群我敬仰的人共同从无到有做出一件事来，这也让我感到激动。于是，两轮谈话之后，我迎来了一个新身份——“老师”。

虽然接受了致诚的邀约，但我的心中还是有隐隐的担忧。首先，我觉得自己担负的责任实在太过重大，在这之前我只去过一次浙江的县城支教，负责的科目还是英语，完成的最重要任务不过是教了全班一首*You raise me up*。现在初出茅庐的我会不会辜负致诚的信任？更重要的是，会不会辜负这些愿意参加这个教育慈善项目的学生们的期待？其次，多年的应试教育让我不免产生了些许“精英心态”，于是不免怀疑起这种通过个人倡导的以自学为主的教育模式到底是否可行。我将这些怀疑对和我工作联系最紧密的、后来进入杜克大学攻读法律硕士的同事延斌和盘托出。延斌心宽体胖，脸上永远挂着一丝和他对事极其负责的态度不甚匹配的轻松快活的微笑——“想那么多干吗？”他说，“去做就行了。”

于是，在“新学期”开始前，我几乎比自己每一次开学前都要紧张。毕竟，教别人学和自己学是截然不同的两件事情。薄薄一本自考教材，翻完一遍只用两小时，确定掌握到我自己能去参加考试的程度只需要两天，但是把所有知识点整理出来，做好幻灯片，费尽心思地想如何将这些概念解释给学生们听，决定该用哪本辅导教材每节课后布置什么样的作业，却花了我几乎一个月的时间。班上的学生们一开始给了我一个莫大的惊喜，他们来自五湖四海，大多数十七八岁。尚显年轻的面孔下，是稚嫩却坚定的决心。每次上课时，他们都争先恐后地提问，而当我试着突击抽查他们上节课讲过的知识点时，大多数学生能够快速地齐声作答。正当我以为这几个月的“教师生涯”就将这样一帆风顺地度过时，一个意想不到的挑战出现在了我的面前。

说是“挑战”有点严重，其实我遇到的，不过可能是大多数真正的老师日常工作中都要面对的问题，那就是——学生不完成作业怎么办？在第二次发现班上某几个学生的习题集上仍然空空如也时，我既愤怒，又委屈；想着自己挖空心思变着花样讲课讲笑话，真心实意地希望他们考试的每一门课都能一次通过，结果有的学生连基本的写作业的工夫都不愿意用；我甚至问自己，是不是从一开始加入这个项目，就是一个“自作多情”的错误决定？最后，我决定和这几位学生聊一聊。这时我才意识到，因为中致法学实验班的其他“老师们”的办公地点和学生们的教室在一栋楼里，所以对学生们的要求更加严格，甚至会带着学生们一起做作业。与之相反，由于平时需要准备法学院的考试和申请，我只能够每周去讲两次课，进行一两次答疑。压力之下，学生们自然而然地选择了牺牲负担较轻的科目。

延斌几乎是和我同时注意到了班上孩子们的偏科现象，作为中致法学实验班的负责人和“班主任”，他需要每天和学生们一同作息，监督每一个学生们完成每一门课的学习。为了更好地督促检查每个学生的复习进展，他更是自己下功夫掌握了几乎每一门课的知识点。于是，我们分工协作，在我课堂的知识讲授之后，他便在自习课上时不时提醒同学们该开始做宪法的练习题；在我发现有哪些学生对这门学科兴趣缺乏之后，他便把他们当作重点的“关照对象”。这样的帮助让我轻松欣慰许多，也让我对延斌充满感激。事实上，不光是延斌这位“班主任”，许多参与这个教学项目的致诚律师们，都或多或少地牺牲了自己下班后的时间，尽心尽力地为学生们备课，监督他们的自习与周末活动。在这样热情无私的团队中，我也逐渐改进自己的教学方式，在课堂上调整时间带领同学们回顾以往的知识。几个月后，这十几个孩子参加了第一场自学考试，我们最终没有辜负对彼此的信任——结果公布后，我们所有人欣喜地得知，学生们通过率高达95%。

在那个初秋，我和这十几个孩子一起向着梦想出发。当他们第一次走进自学考试的考场时，我也收拾好行李搭上了赶赴香港的航班，参加我为之准备数月的LSAT。等待考官宣读指令派发试卷时，教室里身边考生们略带紧张又充满渴望的神情，让我想起了第一次作为老师走进致诚法学实验班时台下学生们好奇和期盼的目光。如果说我带给这些学生们的是梳理好的知识点，他们带给我的便是放手一搏的勇气，翻开考试册的那一刻，我在心底暗暗对自己说："你可是他们的老师，要加油！"

事实上，我从这一段实习的经历中得到的远不止于此。我与和我年龄相仿的这一代同学，经常被公众称为"精致的利己主义者"。我向来非常反感这一种人云亦云的指责，因为我分明在和我一起学习工作过的同伴身上，看到了令人倍感光明的理想主义和责任感。而另一方面，当我面对奋斗在一线服务于人的前辈时，也时时比较着自己与他们的差异，提醒自己不要光顾着"仰望星空"而忘记了"脚踏实地"。在致诚的经历便让我得以反思，相比于这些充满热忱不计得失的公益律师，我自己可能是在象牙塔里被禁锢太久，因为付出的努力不能立竿见影收到回报而感到焦虑，倒因此少了许多埋头苦干的冲劲。后来，在许多犹疑的时刻，我都会想起那些在工作之外付出了额外努力的公益律师们，想起了在责任面前从不推辞的"班主任"，于是在心中暗暗模仿起延斌的口气，"想那么多干吗？去做吧！"于是，离开致诚的时候，我体验了当今国内公益法律的生态，带着褪去了学生心态的想法。自然而然地，我开始期待着真正进入法律世界的那一天。

哈佛校内，披甲上阵

人们都说夏天是波士顿最好的季节，我在酷暑的尾巴上乘了16个小时的飞机跨海而来。哈佛大学与我最美丽的幻想一模一样，有新英格兰风格的红砖褐石，有脚尖被游人摸得发亮的神秘铜像，咖啡香在书店里弥漫着，街头艺人在悠闲地拨弄着乐器。我从哈佛广场一路走到北面的法学院，穿过古老的建筑和绿油油的草坪，因为对一切都向往太久，竟对这初次见面的景色生出久别重逢的情感来。

而与此同时，有一个声音在我的心底轻轻地叩问，接下来呢？

如今，中国的年轻人和外界的接触越来越多，出国留学也成了一种并非小众的选择。这种情况下，如果仅仅满足于“哈佛男孩”或是“藤校女生”的虚名，岂不是既浪费了这个充满交流和机遇的时代，又辜负了在这个平台上充满可能性的未来。所以，看着校园里随处可见的哈佛招牌的深红标志，我暗下决心，决不能让被哈佛大学录取成为我最大的“成就”。

目标这种东西，树立起来容易，追求起来难。法学院的第一年生活带给了我这个第一次出国读书的学生不少挑战。在开学典礼之前，老师们就毫不留情地通过电子邮件布置了第一节课需要完成的阅读任务。我也因此牢牢地记住了自己作为法学生所读过的第一个案件：有一个追求细节的户主聘请了一个兄弟经营的装修公司，装修公司的这两兄弟没有仔细读完合同里提出的种种要求，便大大咧咧地签了字。当正式完工后的结果不符合户主的要求时，装修公司便企图反悔，提出当时签合同的时候没看清楚，所以不奏效。

尽管学习英语这么多年，各种法律程序上的术语竟然还是第一次见到；本来再也熟悉不过的单词，在法律判例的语境里竟也生出两幅面孔，让人认不出来；学问高深的大法官们又有本事将一个本来很容易的句子写得佶屈聱牙，让人一头雾水。就这样简单的20页文章，我花了大半天时间前后看了两三遍才搞明白。美国法学院的第一年生活是一代代学生公认的难挨时光，我们几乎没有任何选课的自由，只能被学校安排上最为严格死板的基础课程：上课前要完成所有阅读，准备老师可能的即兴抽查，考试的时候要在3个小时内写出五六千字的答案来。这意味着，所有课程加起来达几千页的内容，哪怕不说全文背诵，也需要烂熟于心。

于是，为了应付这重重的挑战，我不得不日日夜夜泡在图书馆里和这些每天动辄上百页的阅读“死磕”。法学院的宿舍和教学楼很近，教学楼里又有餐厅供学生们解决午、晚餐，所以我绝大多数时间的活动范围，便囿于这方圆几百米内。开学几个月以后，我甚至都不太清楚如何从我所在的法学院走到哈佛大学的标志性建筑桑德斯剧院，以至于十分抱歉地带着来参观校园的友人来回绕了半个小时才走完这段本来只要5分钟的路。

不过，如果说一定要从我这十几年的学生生涯中总结出一条经验的话，那便是，当一个人的努力最吃力的时候，也是她成长最迅速的时候。在短时间内，陡峭的学习曲线的确让人应接不暇，但是当我回头审视这一程来路的时候，才惊喜地看到自身的进步。在不到一年的时间里，我的时刻表从每天阅读50页就不得不熬夜至一两点，缩减到三四个小时内就能阅读100页；我与身边同学的交流，从闲谈时也要想着语法结构遣词造句，到能够在学生协会的换届选举上即兴发挥陈述观点；对于法律的学习，从面对着搅成一团的案情法条翻来覆去却还是满头雾水，提升到阅读判决一遍以后便能够轻松掌握提炼要点。我知道，即使身处这四壁皆书的斗室内，我也已经向更宽广的天地走了很远。

法学院给我带来的另一个震撼，是学生们主动的思考和担当行为。一年级的课程虽然循规蹈矩，但是老师乐于引导学生进行进一步的思考；学生们也乐于结合自己的经历和知识提出书本之外的观点。我们辩论过刑法系统里量刑标准的严苛程度是否合理，讨论过普通法系和大陆法系下民事诉讼系统的差异和公正性。让我印象最为深刻的是，在法案与法规分析的课堂上，当老师提出问题让我们考虑各个法案的合宪性时，前排素来热心于公共事务的男生举手提问：“为什么我们不考虑对宪法进行审视和反思呢？”如果这个令人瞠目结舌的问题只在世界上一个地方合理的话，我想，那一定是在哈佛大学的年轻人的头脑里。

当我在适应生活中的剧变时，看似宁静的哈佛校园也在经历一场堪称意义深远的变革。在哈佛法学院曾经沿用上百年的院徽上画着三束麦穗，它来自曾经为哈佛法学院慷慨捐款的伊萨克·洛伊尔家族。问题是，和这个家族的财富同样令人瞩目的是它曾经的蓄奴历史，让奴隶主的家族标志被保留在追求公平正义的法学院校徽上，无疑是件讽刺的事情。于是我入学的时候，一部分教授和学生们便成立了组委会，要求学院更改这一标志。

在来美国之前，我只在历史教科书上读过关于种族的过往冲突和现存争议的内容，真正踏入这个“文化熔炉”以后，我懵懵懂懂地意识到，作为一个中国学生，我似乎离社会的主流或多或少地隔着几步的距离。而就在我试图体会“minority”（少数群体）这个对我而言尚显新奇的标签和他背后所代表的意义时，一场意想不到的冲突也真实地降临在我的生活中。那是临近感恩节的一天，一位朋友和我决定去学校拐角的美式餐厅吃晚饭。由于它得天独厚的地理位置和低廉的价格，这家店是法学院学生课外经常光临的地方。在我们一边闲聊一边等待所点的汉堡时，我身后的一桌也来了几个其他班级的学生。当我时不时听到他们抱怨过重的阅读任务和好像怎么改也改不好的法律文书时，也深有同感地在心中默默地点着头。就在这时，一句评价再清晰不过地从那桌传来——“还有那些中国学生，回答问题的时候跟弱智一样。”说话人身边的同学没有接腔，沉默了几秒便岔开了话题。

餐厅里原本嘈杂的背景将对话化作嗡嗡的噪音，而这句话在我的脑海中一遍又一遍地回放。他所用的“弱智”一词，是在美国被委婉地称为“R-word”的最为政治不正确的词汇之一。我从未见过这样直接的不加掩饰的恶意，仿佛全身被冰冻住一样，不知道作何反应才好。即使是回到宿舍以后，我仍然无法抑制自己不去回想那短短的几分钟，无法抑制自己的愤怒。彼时学校内非裔和拉丁裔抗议种族歧视的大幕已经缓缓拉开，但其中很少看到亚裔的身影，更不用提在这样一场美式风波中，作为外国人的我们又能有多少声音被听到。学院里与我关系较好的中国同学们，纷纷对这一事件表示了愤怒和不平的情绪。后来，我和一位加拿大的同学讲起这件事情，她听到之后感到非常惊讶和失望，并且建议我去和校方沟通，提醒他们学校内存在对国际学生的歧视。那天晚上，我平息好情绪，尽量客观公正地向哈佛法学院的学生办公室写了一封很长的邮件，要求学校重视这种针对国际学生的歧视事件。学校的工作人员很快地回复了我，邀请我与学生主管预约时间面谈。

在同一周的星期四，学校里发生了一件令所有人震惊的事情。哈佛法学院有一面引以为傲的长墙，上面挂着所有获得了终身教职的教授照片，而那个早上，在众多的教授照片中，所有非裔美国人教授的面庞上都被人恶劣地贴上了黑色胶带。一时间全校大震，没过多久校园里便开进了媒体的采访车，当天有课的教授也大多取消或者推迟了原本的授课计划，与学生讨论校园内存在的种族问题。我与学生主管的面谈，就在这起事件第二天的早上。哈佛法学院的学生主管是一位非常和善的女士。我们聊了我作为国际学生在学校内的生活和体验，聊了中国留学生群体内对于先前事件的态度和声音，聊了推动学生间尊重和平等的迫在眉睫。我们聊到，平等应该是一个没有国界的概念，希望学校在致力于推动学校系统中少数群体的平等环境时，亦能够主动地将国际学生考虑在内。后来，学院内进行了一场长达半年的关于谴责歧视的密集讨论，我也以新成员的身份，加入了哈佛亚洲法律协会负责活动组织。在深夜里与同伴一起通过头脑风暴的方式筹划邀请嘉宾做客或者学生分享的时候，我深切地体会到，推动公平，追求价值，这些看似口号一样的词语不应只是字里行间的理论，而应是更深埋于心的价值、实际行动的力量。

与此同时，我身边的中国学生群体们，从学长学姐到同班同学，也都以他们各自的坚持和勇气，给我带来启迪和感动。我看着高我一级的师姐放弃了华尔街的律师事务所工作投入了中国的乡村公益，和与我同辈的中国法学会的同学们共同与前任美国财政部长萨默斯讨论他多年前访问中国的见闻，在各个社交媒体上从华人对待美国大选的态度写到美国最高法院对于教育平权议题的态度。常有人说，中国甚至亚洲的学生是不关心平等的，但我的前辈和同学们让我看到，我们关心平等的方式是，尽力活出每个人不一样的声音和力量。是这样的锋芒，让无知者们不能无差别地在我们脸上盖上“华裔”“外国人”或者“中国学生”的黑布而忽视我们不同的选择和价值。

而我也做出了我的选择。

我还记得做出冲刺法学院的决定的那个夏天，前路迷茫惊慌，只能暗下决心，在不知道方向的时候，一路向上。如今回头，一切都仿佛豁然开朗。我这样一路小跑进哈佛大学来，是多亏了对公众事务的好奇和理想主义，在每个转折的时候或明或暗地为我指明了下一个选择。于是，在哈佛法学院的第一个夏天，同样的热情引领着我以实习生的身份加入了国家开发银行的法律事务局。那时中国“一带一路”的设计正如火如荼，而我同我的前辈们，通宵达旦地审阅着各国法律环境的报告，在无数平时仅听说过名字的国家的法案之间徜徉。在这期间，我也认识了许多刚刚走出校门不久的优秀同侪。每当稍有珍惜的闲暇时，我们都几乎不可置信地聊起来，原来心目中遥远的宏观的风起云涌，也有让我们这样年轻儿女领略的一席之地。我还记得2016年的7月19日，北京历史上降雨量再次突破纪录的那一天，我们加班到深夜被困在楼里回不了家，同事们贴心地借来了行军床让我们暂居一夜。工作的严肃气氛稍微有了缓和，窘境之中反而增加了不少趣味。和衣睡前，我们几个人一起看着窗外的长安街上大雨如注下车灯暖黄的颜色，默默念叨了一句：“其实我们做的事情，还是挺有意义的。”

临走的时候，我们的顶头上司，法律局的局长找我语重心长地谈了一次话。我在国家开发银行的日子里，没少受到这位恢复高考后最初一批知识分子中同为法律人的领导的照顾。当我工作上遇到困难的时候，他总会言简意赅地对我加以提点；当我待人处事出了毛病的时候，也没少受到“哈佛的学生了不起吗”的敲打；当我们进入工作的最后冲刺阶段时，他更是和我们一起审稿到凌晨一点。而在这一番长谈里，我听着局长回忆自己当年作为法律博士生苦读的经历、在外国律师事务所里交流的见闻、与立足于国家开发银行的平台继续开拓的奋斗历程，与此同时，我的脑海中，也浮现出了一幕幕我见到的在哈佛法学院课堂上对于美国政治制度侃侃而谈的同学的情形，为了种族平等而聚集在一起共同讨论和反思的人群的声音，甚至接受哈佛法学院面试时与面试官侃侃而谈社会进步的自己……在面对着语重心长和自己回忆中的种种感触的交错间，我恍然大悟：我曾远渡重洋所追寻的理想主义，不也正在这片我所熟悉的土地上静静成长吗？一路小跑进入哈佛大学院墙内幸运的我，也应该继续这样一路小跑，把我在哈佛大学所学的带回来。

如果说在这之前，我还对未来是在中国还是在美国继续事业有犹豫的话，那么经历了这难忘的一个夏天，以及目睹了中国开发银行的领导和上上下下的同事们的理想和热忱之后，我对于这个问题的答案已经非常清晰。于是，在哈佛法学院的第二个夏天，我回到了一家美国诉讼律师事务所的中国办公室，选择了海外反腐败调查这个领域，踏出了我作为律师的职业第一步。我知道，在跃跃欲试的兴奋之外，更需要的是重新定位的冷静。一个象牙塔里的学生所面对的往往是一条方向和指向明确的道路，能够面对学校排名和成绩优劣，清晰量化地衡量自己的长项短处，最快捷地实现生活的改变和阶层的流动。而一个刚刚走进社会的年轻人所需要面对的，则更像是一片危险与机遇四伏的原野，以后如何在无人之境中踏出路来，如何在熙熙攘攘中保持初心，又如何在理想的“高山流水”和现实的“一地鸡毛”间做出取舍……这一切的一切，都等待着我去探寻。

回想这一路走进哈佛大学，体会哈佛大学的经历，我颇为欣慰地意识到，“感恩”是这个过

程中对我而言最为重要的关键词。年少轻狂的时候，我曾经读过一本介绍哈佛法学院一年级学习的书，里头直白地写着，如果你想知道你的敌人在哪里，那么就去哈佛法学院吧。我理解这看似挑衅的言语背后的惺惺相惜，在这里，我们都体会着智识的较量、职业的交锋。但是如果给我凭借亲身经历而大胆改写这句话，我会说，如果你想知道你的榜样在哪里，你的老师在哪里，你的朋友在哪里的话，那么就试着像我一样，走一走通往这条哈佛法学院——或者通向你的心目中最神圣的理想的道路吧。毕竟，工作会变换，敌对会和解，知识会流逝，但是这一路上所遇见的鼓舞与帮助、榜样与激励，都将会让你、我，以及任何一个追逐者保持乐观的心态，有勇气向下一个天涯海角迈进。也许，这就是为什么哈佛大学的年轻人们，能够走向这个世界上所有的地方的原因。

踏浪而行

方宝荣

我为什么要来（哈佛）读书？这也是我问自己的问题，把自己说服了，为什么花着这么高的代价，付出的不只是一年的学费，而有可能是与投资银行的永别，值不值。在这个过程中，我仔细梳理了自己的经历、困惑、曾经研究的课题，让人看到我的逻辑，以及我的经历和思考赋予我的与众不同的东西。这个自述是真诚的，实在的，我几乎没有用什么形容词来框定自己，但是我相信读完的人已经知道了我是怎样的人。没有功利，没有套路，就是质朴叙事。

——方宝荣

方宝荣，毕业于清华大学，获经济学学士、硕士学位，期间获陈岱孙特等奖学金及全球CPA考试最高分。现在哈佛大学肯尼迪政府学院修读职场中期公共管理硕士，之前一直从事投资银行工作，是中国国际金融有限公司的董事总经理，主管投资银行部门运营协调，是中国农业银行、中国人民保险集团、中国神华能源有限公司等海内外重大上市项目的负责人，并多次获得全国最佳保荐人等荣誉。

朋友们不理解地问我：你为什么还要来哈佛大学读书，为了证明你是个学霸吗，你大三的时候就获得了CGA全球第一名的奖章了啊；为了职业晋升吗，你已经主持了世界最大规模的IPO（首次公开募股），还成了部门管理层里唯一的“女搬客儿”；为了赶时髦游学吗，你已经去伯克利的高管项目进修了半年了——你到底“折腾”个啥？

我常常有一种被浪潮推着走的感觉，就像小时候老师说为中国之崛起而读书那样，我觉得自己是被选中的少年，在全民没有“打鸡血”上课外班的时代居然自发地坚持了好好学习，成为呼兰小城第一个考上清华的女生。我的职业生涯时代经历了中国最辉煌、磅礴的国企改革，我又幸运地站到了改革大军里，有幸见证、参与，并成为其中的推动力量。或许是十几年的历练让我看到了浪潮叠涌，或许仍是冥冥之中，一个声音呼唤着我来到了哈佛大学肯尼迪政府学院，当我看到学院那处处招展的“What you can do”标语条时，我知道，这里就是我要来“折腾”的地方。

中金生涯

已是深夜，窗外华灯绵延，白天像停车场一样的三环路终于清静下来，从我办公室的窗户望出去，对面是银泰大厦、人保（中国人民保险公司，下文同）大厦、招商局集团大厦，越到暗夜里霓虹越显得耀眼，我的嘴角情不自禁地泛起微笑，因为看到这些名字就觉得亲切，因为他们都是我们的客户。如果再往西极目看过去，农行（农业银行，下文同）、工行

（工商银行，下文同）、新华保险（新华人寿保险股份有限公司，下文同）、中国人寿（中国人寿保险公司，下文同）、泰康保险（泰康人寿保险股份有限公司，下文同）、神华大厦、中铝（中国铝业股份有限公司，下文同）、中石油（中国石油天然气集团公司简称，下文同）、中石化（中国石油化工集团公司，下文同）、中海油（中国海洋石油总公司，下文同）、中国联通（公司）、中国移动（公司）……我在层叠展开的城市版图里找寻和定位着这些熟悉得不能再熟悉的名字。是的，这些各大行业的旗舰和翘楚，都是我们最重要的客户。

中金公司（中国国际金融股份有限公司，下文同）在大型中国企业海外发行项目上占据了绝对的主导地位，承销业绩可谓辉煌。自1997年大型国企开始走向国际资本市场以来，中金公司在中国公司海外IPO（首次公开募股）发行承销业绩名列第一。中金公司作为主承销商，完成了石油石化、电信、能源、银行、保险等行业的龙头企业的海外IPO项目，自1997年以来掀起的中国公司海外IPO的这个浪潮中，中金公司总计承销了超过1000亿美元，总融资规模约占所有中国企业海外IPO总融资规模的30%，遥遥领先于其他国际大行。在前10大中国公司海外IPO中，中金公司主承销了其中9大发行银行，融资金额占比89%，占据绝对优势。中金公司还最早将海外发行的技术引进国内，一些大型客户在海外发行的合作中建立了对中金

（左二为作者）

公司的高度信任，在他们回归A股中也会自然而然地选择中金公司。融合国际国内经验，中金公司还创造性地开发了A+H同时发行。良好的口碑和对金色招牌的近乎苛责的爱护，以客户为中心的服务也赢得了客户，在海外承销份额第一的同时，在与国内众多资本金更加雄厚，抑或历史更为悠久，抑或风格更为激进的券商的竞争中，中金公司竟也在国内资本市场企业融资中处于绝对领先地位。自1999年中金公司开展A股业务以来，中金公司在A股股本融资与A股IPO发行的承销业绩排名遥遥领先于其他国内券商，总承销金额达6607亿元人民币，占总融资金额比例达30%，处于绝对领先的地位。

我是2000年5月开始中金生涯的，从实习生做到了董事总经理，15年来我亲身经历了这个浪潮，甚至从某种意义上讲也算是其中一个弄潮儿。身后的书架上满满的都是“墓碑”，本来是完成一个项目以后制作的一个一本《新华词典》大小的一个摆件，上面通常会刻着发行人的名字、交易的概要，以及参与的主要中介机构，因为多数都是方方正正的，看上去确实像个墓碑。墓碑的提法应该是来自于外资投行（投资银行，下文同），不知道是谁最早起了这样的一个名字。我能理解，在外资投行那种文化里面，做完一个重大交易的确像是死过一场，上面又有铭刻，确实是一个墓碑，埋葬那一段全部的精力和时光，一种很自嘲很玩世不恭的意味。但是，在我看来，我身后这面架子上的“墓碑”，其实是里程碑，它们记录着一个时代、一个浪潮、一段精彩的人生、一份情谊无价的缘分。感谢这个改革和开放的时代，中国找到并开启了利用资本市场促进国企建立现代企业制度、利用国际资本推动企业快速壮大、利用市场力量加强激励和约束的一条道路，从而使国有企业焕发了活力。站在国际资本市场舞台上的这些企业，已经脱胎换骨、意气风发。我们作为中介机构，有幸在其中贡献一点小小的力量。感谢这个金融发展的浪潮，让懵懵懂懂的我加入到投资银行，一开始被裹挟着，激荡着，到能够自如地、充满自信地向前冲击。我一直坚信，人的成长和发展离不开他所处的时代和浪潮，踏对了浪，再加上全力以赴，你才有“回首向来萧瑟处，也无风雨也无晴”的淡然。

拼在投行

架子的正中间，是一个通体透明红色的“墓碑”，它是中规中矩的一个长方体，上面的刻字也是小小的。这个红是人保红，作为2003年中国人保财险完成H股发行的纪念。这个项目是我的第一个成功项目，它本身也是中国银行保险业改革大戏的开篇之作。那时候，我刚刚进公司两年，这两年里每天都是“惊心动魄”的学习。但就这一点来看， Monkey Business和Accidental Investment Banker，以及一切其他关于投资银行经理的描述都不为过。这里稍微插述一下投资银行的职级设计。虽然美资、欧资各家投行略有差异，但大体都是按照分析员-经理-高级经理-副总经理-执行总经理-董事总经理的路数。副总经理以下归为初级银行家，以上算是高级一点的银行家，而多年的董事总经理就更资深。我曾请教过很多师傅为什么我们遵循这样一个职级名称体系，只是这个属于舶来品，所以也得不到特别确切的解释和出处。这么多年工作下来，我的领悟是这个职级名称其实是对应的客户的职级，也即意味着公司给你这样一个头衔（title），是让你出去见客户用的，作为你应该去对应负责和沟通的客户级别的一个标准。有些人悟不到这层道理，还以为是内部吆五喝六的法器。其实投行是最讲究团队合作的，若你是个不上不下的高层副职（VP）或者助理（SA），想着自己终于熬成婆婆了，可以随便虐下边的小朋友，那你就等着自毁前程吧。

书归正传，这个项目启动时我刚刚入职一年，但我竟然要与客户的财务部经理、资金处处长打交道。而对内而言，我是资历最浅（junior）的银行经理（banker）。这种作法对人的成长简直是揠苗助长式的。核心的执行团队很小，一个执行总经理、一个比我早一年的经理、另外一个和我同年的经理、还有一个分析员，再加上我本人。用时下流行的词叫作“每天各种虐”。因为这个项目是中国银行保险业改革的开篇之作，所以没有人知道应该怎么做，所有人都要学习。我作为一个小小的经理，翻了能找来的所有的研究报告、国际上已经上市的保险公司的招股书、年报，疯狂地学习，还要摘要出来，形成总结报告，给我的高级银行经理（senior banker）们看。他们的时间更加值钱，所以只能看我整理总结过的报告。我紧张兮兮地，随时准备回答他们提出的各种奇怪的问题。在经过内部各种“拷问”以后，我还要非常自信地去给客户做辅导培训，好让他们理解我们为什么一定坚持索要那些烦人的尽职调查材料。挑战还来自于其他中介机构，比如审计师。那时候审计师大都来自香港，他们的普通话很不怎样，大家基本上用英语交流。然而客户是只讲中文的，那个时候我们的保险公司还在沿用现金收付制的记账原则，尚没有完全规范到1994年开始实施的新会计准则的收付实现制，就更不要说还要调整到国际资本市场投资者认可的国际会计准则了，会计准则差异调整简直像是愚公移自家门前的大山。还有那些来自香港和美国的精算师，就更是一群戴着厚厚眼镜，讲话里全是高深莫测的统计学词汇的人，一个因素调整下去就是几十亿的准备金，旋即我们客户账上的净资产就出现了一个巨大的红字。精算师资格确实难考，所以他们说着说着就会带出来一句“说了你们也不懂啦，总之这就是我们的模型跑出来的”。

加入公司一年以来经历了疾风骤雨式的洗礼，我那时的行为早已有着明知山有虎，偏向虎山行的壮烈。我负责了这个项目的财务组工作，主要就是和审计师、精算师磨合，让他们理解中国公司的国情，明白管理层判断的依据，研磨他们的模型，分析每个要素的影响。一个优势是我是清华大学经管学院第一届的国际会计专业学生，全套采用了注册通用会计师协会CGA的教材，再有着“清华四大名捕”之美誉的林教授教出来的数理统计，加上对客户的深刻理解，最后赢得了审计师和精算师的尊重。投资银行的美妙亦在于此，你可以飞快地学习，那些本以为考完了试就已经还给老师的东西都能派上用场，你只会有一种还学得不够、还学得不快的紧迫感。对于投资银行，更美妙的还在于，你完全可以现学现卖。当时，我负责把这些现学来的东西汇报给客户的CFO。如果我一毕业就加入人保的话，两年的时间我可能连CFO的面都见不到。可是，就因为中金公司这个平台，我坐在CFO办公室的沙发上，跟他共同看着这同一本精算报告和审计报告，给他汇报国际上的通行做法、交易所的披露要求、投资者的兴趣所在、我们的投资故事如何体现，以及细琐的审计调整、精算假设，分析每一个数字、解释每一行处理。一个比我大20岁的大领导，就那么平易近人地和我坐在一张桌子前面，还笑眯眯地称我为老师，一场IPO下来，我们成了忘年之交。时光划过一轮，现在，他是集团的总经理，依然亲切地叫我小方，尽管小方已经成了大方，甚至老方。

美好的另一面是辛苦至极。因为拼得太狠，在项目即将挂牌的前夜，我彻底病倒了。眩晕、呕吐、吃不下饭、整夜失眠。去了京城几大医院，都查不出病因，开出的处方都是卧床休息。于是，我只好请病假。在床上躺了三个月后，我的病不治而愈。也许是经过这一遭，周身的细胞经过了优胜劣汰，后面我不仅没有因为健康的原因离开投行，反而越来越沉迷其中。

自我突破

在做人保这个项目的过程中，我体会到的仅仅是一个小小的经理在项目执行中的作用，而我们促成这个项目的整体设计和实施的领导，才是真正的及时雨（rain-maker）。他就是我们的前CEO朱总。这里让我加进我后来从各种渠道间接了解到的信息，来试图把整个故事说圆。人保集团最初是一家国有独资的保险集团，与新中国同龄，所有中国人的保险都在其经营和责任范围。但是，资本投入的不足、独家垄断导致的效率低下、缺乏监管造成的骗保骗赔“跑冒滴漏”，都严重阻碍着他的发展。作为保险公司一度自身难保。经过反复的方案论证，人保集团一分为三，财险、寿险、再保险，各自专业发展，用资本市场建立资本的持续补充机制。相对说来，财险的重组压力是最小的，主要险种车险的承保是有利润的，再加上投资收益，受到了国际投资者的热捧。而承担了寿险业务的中国人寿，重组之路则更像是不可能完成的任务。20世纪90年代初期，通货膨胀率奇高，导致存款利率奇高，那时候保险公司卖了很多内含贴现率百分之十几的保单。这些保单精算上是一定亏钱的，更诡异的是没人能说得清这些保单将来如何兑付、现金流是否够付保额赔付。这个看似无处下手的问题，到了朱总手里，就变成一个100年现金流的模型，每次光打开这个模型都要5分钟，正是对这个模型的反复推敲、敏感测算、压力测试，最终给予了主管部门信心，促成了中国人寿的重组方案，创造性地将新老保单分离，成立集团与财政部的共管账户，通过税收返还、分红、清理资产等措施持续补充共管账户资金，专门处理老保单的到期给付。这个我把它叫作顶层设计，如果我们如今都能像朱总当年一样，有近乎偏执的精确的测算、有改革创新的想法、有承前启后一百年的负责任的使命感，中国改革的顶层设计就真正有指望了。

人保财险这个项目里，我沾沾自喜的是自己作为一个小兵拉子，跟在一群大佬后面，做好了自己分内的工作，尝到了自己投行生涯第一个成功的喜悦。12年后，作为人保集团上市项目的总负责人，已经是董事总经理的我全面主导了重组上市方案的各个攻坚战，算是画了一个圆满的句号。人保集团上市的“墓碑”，是我见过最漂亮、最灵动、最有内容的。它一改“墓碑”的传统造型，堪称一件艺术品。一棵枝繁叶茂的大树下，走来一头翩翩起舞的大象，整个色调还是人保红，传神地表达了人保做大做强还要高增长的总体战略，大象亦能起舞，而且切合了“金象”的项目代号。

如果说人保财险的上市是中国金融行业重组上市拉起改革大幕的开篇

（右三为作者）

之作，那么我非常、非常有幸还作为主要的银行家（Lead Banker），负责了中国银行业改革上市的收官之作——农业银行的上市，并以人保集团的最终整体上市，完美地完成了中国国有保险行业改革上市的华章。那个时候，中国财险没有特别合适的上市可比公司，而财险的独特模式也是老外所不熟悉、不理解的，在如何提高国际投资者教育、挖掘投资价值卖个好价钱上费了不少脑筋。现在回想起来，当时的沟通是很有意思、很有乐趣的事情。一开始简直是鸡同鸭讲。我们把这个问题提给公司的时候，公司很纳闷，这个还用解释吗，就是这样啊，50年来都是这样，怎么这会是个问题呢？当我们跟投资者交流的时候，人家说国际上所有的保险公司被证明了的成熟模式都是这样的，你这个太特殊，我们看不懂。那个时候人们还没有如今的互联网思维，没有颠覆和被颠覆的概念，加之高科技泡沫刚刚破灭，人们似乎更愿意回归到讲商业模式、讲盈利增长、讲企业价值上来。投行的价值就体现出来了，我整夜整夜不睡觉，研究了美欧主要保险公司的模式、监管、市场、历史，再花上一整个又一整个白天的时间，跟公司里面不同的人谈我们保险业发展的历史、环境、市场变迁，终于找到了双方的通用语言，搞明白了盐打哪儿咸、醋打哪儿酸，我们核心的路演内容就是讲一个在中国被证明了可行的商业模式。我们用了大量的篇幅解释为什么是这样，为什么这个是可持续的，为什么未来还能保持快速增长。说清楚了这个模式以后日子就非常好过了，人保财险上市的时候正值中国债券刚刚兴起之时，国际投资者热捧中国，认购火热，我们完全不愁市场销售。用一句话来总结这个项目就是，结果是圆满喜庆的，过程亦是享受的，因为这是一个纯粹的拼专业水平的项目。所以我也经常像鲁迅先生笔下的九斤老太一样，总是咂咂嘴，慨叹那个时候是我所经历的投行的黄金期。

2010年，我作为Lead Banker带领农业银行完成A+H股同时发行的时候，市场可就没有这么好了，而投行之间的合作也不再是纯粹地拼专业水平了。农行发行债券的过程中，我们也有一个跟投资者讲清农行特殊模式的问题，我们也同样下了很多功夫，可是那还不是项目最艰难的部分。最艰难的是来自没有入围承销团的国际大投行对农行极其不负责任的和不专业的围攻。农行项目108天执行完成，最密集的三个月我都是住在银行对面的小旅店里，有时候就是和衣而卧一会儿。有一天，又是12点多吧，突然客户紧急召集开会，会场气氛十分严肃，赫然在目的是公关公司监控到的美国多家主要大报关于农业银行的诋毁性的报道，诸如“最差银行寻求最贵发行”的标题赫然在目。自此之后，我们几乎每天都会看到类似的诋毁性文章。更有甚者，就在我们开始路演前，没有入围承销团的美国银行竟然发布一篇有60个问题问农行的文章，每个问题都明里暗里指摘银行资产质量堪忧、前景不妙、不值得投资。我当然没有修炼到鲁迅先生所说的不惮以最坏的恶意来估计竞争的残酷，当然也就更想不到对手的手段竟然到了如此卑劣的地步。好在我们承销团里还有别的国际投行，他们以恶制恶的功夫显然比我高明。至此，在中国投行的竞争已经白热化了。

让我欣慰的是，无论是多少家投行在竞争，我们在客户那里的口碑是最好的。在人保集团整体上市的项目里，尽管有17家投行在承销团里，项目启动会是在一个大礼堂一样的会议室召开的，我们依然是所有上市中介机构的总牵头负责方。每逢重大问题，大会讨论众说纷纭、你一言我一语之际，公司领导都会专门点名要听取我们的最终意见。记得定价会上，有外行威胁“跳船”，关键时刻，我们跟公司一道审慎地分析了当时的形势和手里的资源，坚定了客户的信心，最后定价没有受到不良影响，公司自此亲切地称我们为“子弟兵”。

工作心得

除了银行保险，我还有幸或者领导或者参与了能源行业、建筑行业、物流与航运业等重大龙头企业的上市项目，完成了上百亿美金的并购项目，深度参与了很多重要课题的讨论和研究。于是一个很有意思的问题就来了：我是怎么做到的？关于投行、华尔街，有很多活色生香的描写，无论是流行一时的《猢狲把戏》（*monkey business*），还是更加露骨更加生猛的电影《狼行街上》（*Wolf on the street*），再加上微博上曾经盛传的某美资行美女banker大大方方怀念故人的文字以及评论中的各种所谓桃色爆料、坊间的各种传闻、时不时的banker上位邮件门事件，等等，再加上目前还在进行着的已经导致若干投行中国区主席离任的调查事件，更使得这个问题有了很多模糊和暧昧的颜色。记得我一个特别好的律师朋友，我们有一次一起在楼下吃个午饭，他很好心地跟我提起：你得注意啊，人们会妒忌你怎么那么幸运地总能做到最好的项目。我笑了，如果说我怎么这么幸运，那么我觉得秘诀是三条：一是我踏对了“浪头”，对，就是浪潮之巅的那个“浪头”；二是我是老实人，不精明，也就没有聪明反被聪明误的情形出现；三是，借用一下打铁还需自身硬的说法——不过我说的是业务能力得过关。

影响中国投行发展的因素一直就是时代性。投行发展无法超越它所在的时代。从20世纪90年代进入到国企改革攻坚阶段，四大银行基本处于破产状态，国有企业产能过剩。当时跨国公司一下子涌入中国，成了热门方向。而之后的几年，国企改制成了新的浪潮。我进入中金的时候，第一个项目是铁道部改制。中金在过去15年，随着国企改制做出了很多贡献，赶上了浪潮也引领了这一浪潮。第一波浪头就是电信业的改革，孕育了中国移动在香港的上市，包括后来的注资、增发、中国联通上市、联通以特殊目的公司形式回归A股，中国的TMT（电信、媒体和科技）行业靠着电信业改革红火了十年，齐头并进的浪头是石油石化行业的改革，现有中石油，紧接着是中石化，中海油虽然路途坎坷但也走出自己的特色道路，银行和保险行业的浪头其实是晚一点的。以2002年人寿和人保的首发上市为起点，五大国有银行、两大国有保险集团的上市历时也是10年。我只不过是踏准了这个浪头而已。浪潮来临的时候，个人能做的就是老老实实地做事，踏踏实实地做人，老天爷不会让你吃亏的。我进公司之初是在铁路改革组，研究铁路改革方案研究了一年半，那段时间挺受煎熬的，因为方案停留在文稿演示（ppt）阶段，反复论证、修改无数遍的方案有时都没有机会见到客户就要再行大改。当时组里其他几个同事都受不了这种似乎自娱自乐似的折磨，去找了大领导，得以调换到其他组，唯有我还是老老实实地干活，以至于大领导来问我："别人都来找我调组了，你为什么没有？"我耸耸肩膀："活总得有人干啊，都走了，这活咋办？"无意中的对话打动了保险组的领导，当人保财险启动时，他想到了我这个学财务出身的老实人。我被借调到保险这个项目上，也开始了我与人保的不解之缘，也赶上了这一个跨越十年的金融改革大浪头。也是因着我在这个项目上的表现可圈可点，我随后又被能源组的领导相中。迄今为止，那是一段延续12年的佳话。所以，当我开始带领团队的时候，对于各种要求换车道的请求，我一定会帮忙，但是帮忙之前我一定会给他们讲这个来回串车道欲速则不达的道理。其实只要你在浪潮里，不必急着来回切换，换来换去的，说不定换错了浪头啊。

奋战在一线

不精明，不算计，为了做成事情你才会尽心竭力，付出120%的力气，给自己一个完整的交待。我记得2005年我做完了当时最大的煤电一体化的能源公司中国神华的H股IPO以后，当时负责中信银行项目的总经理找到我，让我接手运作他的项目。一周以后，我原来所在单位中国神华公司上面的董事总经理（MD）不同意，他要求我去运作南方电网项目。我其实更想做银行项目，毕竟刚刚完成中国人保（PICC）项目，很多经验可用，而电网对我来说是全新的，摸不着门路。但是我还是一贯地服从了分配，开始了频繁出差、掘地三尺般的研究工作。至今，南方电网还没有上市，而中信银行上的associate已经是我们投资银行部（IBD）的大腕了。中间我又被调来调去，上了建筑公司的上市项目、再保险公司的重组项目，以及一堆内部研究工作。虽然非常不入主流，但是我也觉得有收获。直到2008年，农行项目组原来的执行董事（ED）回上海工作，需要找一个人去顶替她的职位。当时，农行也看不出短时间内有可以上市的迹象，再加上项目组的管理当时也不是太顺利，带头的MD风格比较尖锐，一时间公司里面没有谁愿意上这个项目。于是，领导找到我，让我上该项目。我那时除了仅一周参与中信银行项目的经验，实与银行业并无什么接触，没办法，既然领导派了，就硬着头皮上吧。半路接项目，团队里没有一个有过合作经验；我自己跟客户不熟悉，之前因为种种原因客户又不是十分满意我们的人力配备和工作付出；其他竞争的投行又逼得紧，改制方案不确定，报批没有时间表；没多久项目组里一个重要成员又被竞争的美资行高薪挖走。那段时间我的头发掉得厉害，谁说只有男士掉头发，我家人当时开玩笑

后排左二为作者

说，每次我洗过澡的浴室就像刚刚发生过凶杀案似的遍地是头发。我告诉自己必须挺住。那一段时间我全天驻扎在客户那里，最后累到腰疼得直不起来，索性就不坐椅子而是在地上放个垫子跪在上面干活，这样给腰部减轻些压力。后来，项目庆功会上，客户领导满了一杯酒，说他对我们工作组态度的180度转变就源于他某一日看到我办公的“动人场面”。

踏对了浪头，有了大方向的正确，即所谓的战略正确，若想战役成功，还要讲求硬功夫。这一点我们公司一直以来给我们的理念和指导原则是非常好的。我们公司在做项目时，是一心想着如何把事情完成的。要考虑，第一，不能给国家增加改革成本，要在方案中解决改革成本问题；第二，不能只关注一个企业，要关注整个行业本身和长期的发展可能，对于国企来说，要考虑到监管机构、股东、工会、退休人员等因素。我们公司对于质量和风险的控制到了极限的程度，那真的是精益求精。落实到个人来讲，就是讲求专业水平、专业素养、专业态度。我一直觉得自己挺不会聊天的，也不太会社交。在一群人聚会时，我不知道怎么打破坚冰，也不会主动跟人搭讪，即便有人主动跟我聊天，也基本上是他问我答，一会儿人家就讪讪地离开了。而且在公司内部我也像个黄花鱼一样。记得有一次部门主管批评我一年都没有去他办公室一次，我只好愣愣地说，“确实没有什么事情需要找您啊。”估计主管的头上当时就立起三根惊叹号。但是，只要是见客户，只要我有业务要谈，我就会变得很健谈，而且只要有竞争的投行在场，我就会下意识地像竖起脖子上的毛随时准备要咬上人家一口的斗鸡似的。我干事情很不喜欢食别人嚼过的屑，在处理事务上我总是要求自己看到最实在、最原始的文件和规定。记得有一次我们做一个集团注资的项目，我们要求客户的大老板聘请独立财务顾问。他就问我们为什么要花这个钱。当时我的项目组主管就解释说这些交易都是这样做的，先例皆如此。但这个老板很不买账。恰好我之前专门就这个问题查阅了香港的上市规则，于是就一条条追本溯源、逻辑清晰地说给客户听。那时我还是小兵拉子一个，不过这个老板以后有什么事情都会直接把我拉过去问，客观上也让我得到了很多锻炼。

在影视小说作品里及在人们的观念中，投行人士，banker——可以翻译成银行家，通常都是浅薄、冷漠，唯金钱而不眠。我不知道别人怎样，至少我们不是这样的。拿我们公司做过的一个案例来讲。国家经历过“一收就死，一放就乱”的局面，收放了很多回合。铝厂一度是国家垄断的，后来经营不善就放下去给地方，形成很多小铝厂。小铝厂经营困难后，国家决定再合并成一个“中铝”后上市。恰逢美国“911事件”，大家都很担心中铝的上市是否会成功。但经过市场起伏，我们依然坚持寻找合适的发行窗口与有效的投资者沟通，最后还是圆满完成了发行任务，实现了企业的挂牌上市。这是个很锻炼心志的事情。作为我们众多大型国有企业上市项目之一，虽然上市过程充满挑战，但是哪个项目没有挑战？所以在短暂的庆祝之后，项目组的人都纷纷开始迎接新的项目和挑战了。然而，这件事情的影响不止于此。后来必和必拓公司收购力拓公司时，我们提出了中铝参与收购的方案。因为当时中国原材料对外依存度很高，如果国际上这两家巨头企业联合，那么中国矿石产业就被别人掐住了脖子。当时想到中铝是比较适合、相关的企业，就拿出了这个中铝收购方案，最后达成收购外方12%股权的合作。后来中铝的领导说，如果当时“911”时候不上市，我们就不会有资本，也不能拿自己的股票去操作，对方也不会有信心，这件事情就做不成了。所以，回过头看，当时中铝上市具有非常深远的意义。整个组都对这件事情非常有“情怀”，也很激动。中金的人也会来来往往，但每一个走了的人都对公司有一种强烈的归属感，你去看他们的朋友圈，常常为“母司”加油叫好。有个前同事这样说道：“虽然离开但不能停止真爱。”除了方向性和技术性的东西，我在公司学到的最基本的还是中金的文化——对“原则性”的坚持、对时代的使命感、对客户服务的坚持。我们从2008年开始和证监会一起研究创业板，我们带着证监会去英国、中国香港地区、美国考察，当时我们内部也在研究。但第一批创业板10家我们只有1家，因为我们大框架明白了，也借鉴了很多监管框架，但具体到每一企业的时候，看风险因素的时候没有搞清楚。我们通过年鉴研究了中国规模以上企业数量、平均寿命、破产原因，然后再去搞中小企业创业板。真正创业板起来是在2011、2012年以后。但这样做的好处是我们有了大量的知识储备，在核查方面做得很完备。因此，我们做事情坚持的表现是要把事情研究透彻。

我记得有一次我在麻省理工学院（MIT）演讲，也讲到了自己关于浪潮的理论。当时就有人问我，向未来看，投行的浪潮之巅是不是已经过去了，因为现在“互联网了，P2P了，去中介化了”。我认为投行仍然有广阔的发展空间。投行解决了信息不对称的问题。发行人要找资金，投资人要找好的项目，投行就起到了中间人的角色。在大数据时代，去中介化越来越多，投行在这一方面的角色可能会弱化。但是投行的意义不止于此，投资银行有一个主要的功能就是分析价值。投行作为第三方，会横向、纵向、多角度、多领域分析，然后给出一个客观的价值。比如中国移动投资浦发银行，我们发现两方面的客户、产品都可以融合，当时的发展趋势，互联网银行也对双方有益。这一成功掀起了跨业并购的新浪潮，后来人保投资兴业银行也是这个新的跨界浪潮中的一个例子。这就是投资银行发挥的独特的价值，它是各路信息汇总碰撞的地方。

投资银行另外一个不可替代的作用在于信息的聚合能力。投行的专业研究能力是其他分散的个体力量很难实现的。投行还是一个吸引人才的平台，在这个行业里面不仅能实际地去做具有影响力的事情，还能遇到各种优秀的人。去年冬天，我们做了万达地产的H股IPO。敲钟那天，“国民公公”王健林和“国民婆婆”都到了现场，大家都争相和他们照相留念，上市那天庆祝晚宴时“国民老公”王思聪也在现场，项目组很多女孩都很高兴地上去合影，这不是从事其他行业能经常遇到的发展人脉的机会。之前我们主要做国有企业，会接触到国企的领导、董事长，虽然他们的级别很高，但是也会向你问关于资本市场这些他们可能不是很熟悉的领域的问题，这是一件很荣耀的事情。如同我说的，我还是二十几岁的时候，上市之前给客户的领导做路演培训。因为我是学会计出身，所以记数字的能力很强，以至于后来领导都离不开我，因为各个数字都需要转换成国际标准。这是一个在你有专长的领域可以让他来虚心请教，你也可以向对方请

教他们成功的原因。他们就会给你讲“一开始我做技术员，后来做电厂厂长。后来全国公开招聘，我考试，一共三个小时，我答得……”后来我们运作中小企业业务，听到的故事就更多样化了。有一次我运作一家珠宝首饰公司业务，首先我本身就对其很感兴趣，然后我去更深入地了解。我问公司老板：他这样一个看起来很粗线条的男人怎么会做珠宝首饰。他的故事很励志，对比他的社会大学里的经历，你会很感激自己的生活，开始感想要好好工作，努力做人。你能从他小学没毕业奋斗到经营公司，再到如今的地位，还知道对冲的概念的这个经历中学到很多。

因而，信息的中介人、定价优势、全局观、信息聚合力、踩准时代脉搏，这些都是投资银行未来前景光明的因素。

继续深造

上面所叙述的就是我在申请哈佛大学求学之前，在投资银行工作了14年的主要经历。其间，我也做了很多很大的交易。当时我是最年轻的资深董事总经理（senior MD），在男性主导的投行部门，我是部门管理层里为数不多的女性，还是我们部门的首席运营官（COO），协助部门负责人进行日常管理，我还是投行业务管理信息系统的始作俑者。我们自行开发的这个系统据说在中国本土投行里是第一家，另外还做了一些管理创新的事情。我窃喜自己的小小运气，那些曾经很难的项目都好事多磨般地最终走向成功，也深深感谢我的领导们的信任和培养，感怀我们一个一个项目小团队的战斗友谊，当然，更感谢我家人对我的理解。顺便说一句，我说投行里男性主导，并不是说女生没有优势。在伯克利念书的时候，正值桑德伯格的《向前一步》（*Lean In*）最火的时候，那是我参加一门女性领导力的课，还得到了一本当时的美国民主党党魁Nancy签名的*Know Your Power*，核心思想都是激励女性努力奋斗的，但她们也都提到了一个现象，就是女性领导不愿意帮助和提携女性下属。但我觉得这样做是不对的。以我亲身经历，知道女性在投行奋斗工作生活中诸多挑战非常不容易，我自己是特别喜欢那些能干上进的女性，我的团队里也是女性多，对她们我也是不遗余力能帮上多少忙就帮多少忙。

在和领导、同事告别时，他们都问我是不是有什么更大的计划，因为上哈佛肯尼迪政府学院的求学内容，实在是跟我的本行不搭界。从理性角度来说的话，我当时做出这个决定，动因之一是由于我是个偏执的完美主义者，我有着做好本职工作的极致追求和一颗求知欲极强的好奇心。当时我在工作中促使我进入大学继续深造的动力主要有两个：其一，虽然我之前的行业都是国计民生的大行业，但是新经济和高科技领域不断涌现的新东西激发了我极大的兴趣；其二，宏观经济是我工作时讨论最多的东西，经济从来不是一元的，很多东西都相互联系，我当时看来太乱了，所以想自己搞清楚，抽丝剥茧地弄明白，建立自己的逻辑体系，在客户面前也会有更强的说服力。所以当时正好有一个机会，我就先去了加州大学伯克利分校（UC Berkeley）的哈斯（Haas）商学院，好好学习了一下硅谷风险投资。那段生活特别快意，没有考试，充满新奇，跟各种投资大咖和创业权威面对面。但是商学院学的东西并没有解决我关于政治经济的宏观问题，于是我去找老师寻求帮助，老师建议我去读政治科学，并提到东海岸的这所学校。后来我在网上看肯尼迪政府学院的课程设置时，一下子就觉得这就是我要学的东西，这就是我要去的地方，而且时间短，可以保持我对职场对行业的联系；同学背景多元化，可以接触不同领域的人。还有一个原因就是对时代浪潮的认识。我一直在做国企项目，从过去经验来看这个浪潮是踩对了，未来我看到一个新的浪潮，就是政府和公共部门科学执政的改革，我们需要真正地以国以民利益为出发点的管理者和公务员，不是整天算计着给自己捞多少钱的人。这样的人应有国际视野、晓科学决策、会数据说话、通全盘之虑、有国家民族责任感。也许是因为70后的我属于长在红旗下的最后一代，我对国家对人民有着深切的挚爱。现在这样说，恐怕要被大家骂作“替政府说话的人”，然而这是真的。我一直有这样的责任感，有识之士不应该是骂娘的，你指望谁来改变呢，国家是我们的，我们不应当尽匹夫之责吗。决定申请的时候已经是11月了，而申请的截止期是12月4日。跟我的伯克利（Berkeley）小同学提起我要申请就读哈佛大学的时候，他的眼睛瞪得老大。我当时的想法是，这确实很疯狂，但是不试一下就放弃，不是我的风格。于是，我投入了极大的热情去考试，彻夜写申请材料，请我的研究生导师帮我写推荐信，老师笑着说，过了十几年回来找他写推荐信，我还是第一人。一通忙乱之后，我终于在3日晚上完成了所有材料的提交。我是幸运的。在2014年4月1日那天，对，就是愚人节那天，我本来也以为是spam（垃圾邮件），结果是，我收到了来自哈佛大学的录取邮件。

其实到哈佛大学学习，对我挑战非常大，因为是很新的领域，连常用的英文单词都是另一套体系的，都是hegemonism（霸权主义）、Propaganda（政治宣传）之类的词；思维的逻辑也不同，还要考试、写小论文。不过我很享受泡图书馆，享受坐在阳光里的学院小广场长椅上看材料，甚至很喜欢长达3个小时的笔试。朋友看到我，都说我很不一样。我笑道："当然啦，以前我是OL（白领女性），现在我是学生嘛。"

在我回国之前，肯尼迪政府学院请老生回去给新生做反馈，当时提到一个问题，这一年给你带来的收获是什么。我认为最大的收获就是看问题的角度。第一件事，就是巴勒斯坦和南非的同学在邮件里吵起来，以色列的同学又加入，和巴勒斯坦的同学比谁的处境更惨。以色列同学说他们每天要躲到

第二排左二为作者

避难所好几次，巴勒斯坦同学反抗说你们至少还有避难所。当时我的反应就是，看问题的角度真的不一样了，有89个学生，来自50多个不同文化的国家。一个印度同学说以前他从没和巴基斯坦人说过话，到这边上学后开始和巴基斯坦人交流了。“存在即合理”是我领悟到的东西。有一门课，老师会在课上传输美国的价值观，在之前我可能会全盘接受，但是现在我会和老师理论，比如是“中国南海”不是“南中国海”。最后毕业前晚宴时，南非的一个女同学说“我恨美国”，因为所有课堂上俄罗斯和中国一定会被提起好几遍，并且作为假想敌来打击。她指着俄罗斯的同学说，就因为她来自俄罗斯，所以课上一讲到俄罗斯，全班同学就抬眼看她。南非的同学说“不管怎么，我就支持俄罗斯，当年俄罗斯对南非最好。”后来又转到我身上，说每堂课都要提中国很多次。我也问过我的教授为什么课上总要提到中国，教授说，“因为你们那么大，总要提一下啊。”

如果说策动我来肯尼迪政府学院读书的是那个浪潮理论，那么在肯尼迪政府学院的学习和先前十几年的投行历练给了我坚定下来的信心。投行N年对于一个人的综合能力的提高是巨大的，我们经常在压力巨大、时间紧迫、左右为难的情况下，必须做出一个决定，而这个决定可能会很快地被证实或证伪，永远要想到最差的可能、永远要有另一套计划（plan B）。在肯尼迪政府学院的学习让我对老外的思维逻辑更加了解，对他们的游戏规则和评判标准更为理解，取其精华去其糟粕。可以很自信地讲，我看到未来的浪潮，我希望我可以做好，厚积薄发，在浪潮到来的时候赶上潮头。

这就是我，为了让自己能够时刻赶上潮头，甘愿冒着一定职业风险而选择前往哈佛大学继续深造的原因。

我的人生有无限可能

王雪诗

如果要问哈佛大学带给我最有价值的是什么？当然是人，是他们的思想。经常有人问我："你们哈佛的学生们是不是都是那么刻苦，每天学到凌晨四点？"我们当然刻苦，但是更多的人把时间放在了思考而不是机械的工作上。在这里，有很多优秀的人才，每个人都有令人啧啧称赞的履历，但背后都经历了奋斗的辛劳和无数次挫折。我很感激，能和这群优秀的人们一起共事，他们教会我的东西，也是哈佛大学给我的财富。

——王雪诗

王雪诗，毕业于哈佛大学设计学院设计学地产方向专业，为哈佛大学马可·波罗奖学金获得者；本科专业为景观设计，曾实习于中国最优秀的景观城市规划事务所之一的北京土人景观规划院；2014年成为凯诺线上设计教育合伙人，致力于将遍布全球的优秀设计师资源，通过网络的形式链接到国内，以培养出支撑起中国创造的设计师们；积极投身于中国创业热潮，曾为真格基金真驿站项目第三期校友，2015年实习于谷歌公司在中国大陆投资的第一家公司——出门问问，担任产品经理。现居住于北京，投身于艺术创作和教育普及工作。

我的哈佛之旅开始于2014年的春天。

在申请结束后等待结果的焦虑中，我和家人去了云南旅行，在西双版纳的一个小宾馆里，我收到了哈佛大学的录取通知。从那之后，我的人生就像坐上了一列疾驶的列车，一切变化之快都让人不敢相信。

失利

我来自山西太原，这是一个曾经辉煌却在近代被渐渐遗忘和拖累的古老城市，在这里我度过了我的童年和少年时代。我的高中太原第五中学是山西省最好的中学之一，在这里读实验班，每个同学都被寄予了很高的期望。在高考结束后，当我的同学纷纷以优异的成绩进入国内外顶尖学府的时候，我却因为高考失利和志愿填报失误而与顶尖学府无缘，只能默默地背起行囊，来到南京就读于南京林业大学。

显然是心犹不甘，还是在上本科之前，我就做出决定，一定要出国读研究生。因而，我在大学做的每一种努力，都是为了向着自己的这个目标前进。所幸的是，虽然我对自己的本科学院并不满意，但是对所学专业——园林（也叫景观设计）却充满了热情。事实证明我以前的绘画基础和对创意创新的兴趣，在这个专业里得到很好的展现和发挥。

这条路是孤独的，在南京让人汗流浃背的夏天和感到阴寒湿冷的冬天，在6个女生挤在一起的宿舍里，当清晨四点半鸟鸣开始的时候，我就爬起来抱着书本在“啃”了。等到舍友们该起床上课的时候，我再和大家一起前往教室。没人能理解，我为什么想离开这里；也没人能理解，我为什么有着那样的梦想。不过许多年之后，也许会有人记起在南京林业大学的樱花道上，曾经走过一位为了梦想而不懈追求的女孩。

我那时就隐约地觉得，梦想对于我是一种执着的存在。所谓执着，一来是为了实现梦想而奋不顾身的劲头，二来是面对梦想不愿意轻易妥协的坚持。然而这种梦想，对于我并不是一个遥远的终点，而是一个需要不断寻找和定义的桃源。

转机

大学三年级的那年暑假，我申请到了在中国最好的景观设计事务所之一的北京土人景观规划院实习的机会。刚去那里就听到了之前的实习生诉说自己熬夜到凌晨两三点的描图经历。“当时我看见CAD（一种画图软件）都快反胃了，但是实习生不就只能做做这些辅助的工作吗？能来土人实习已经是很好了！”有实习生这样对我说。然而在一周之后的组会上，我主动表达了想加入正在进行的一个项目的愿望。超出我预料的是，很快我的能力得到了我所在的分所所长的赏识，得以破格任用，以实习生的身份参与了当时正在进行的项目的一部分设计工作。要知道在这个庞大的机构里，绝大部分人都是螺丝钉，更别说实习生了。实习生所做的基本上都是一些辅助性的、重复性的枯燥工作，但是我竟然在这样的环境里面能和设计组的资深设计师们讨论方案，成为项目组里面不可或缺的一员，真的让我增添了很大的信心。实习期结束的时候，有些同事才意识到我是一个大学三年级的学生，不少人以为我已经是研究生了。

然而实习的愉快经历，并没有增加我要将景观设计师作为未来职业的选择。现实的工作和学校的设计环境完全不同，景观设计师，甚至是建筑师、城市规划师的生存状态都不容乐观；景观设计涉及的方面之多决定了这个行业是长链条，一个项目往往要数年才能完成；在设计中，合约另一方的意志也随时影响着项目的进行。难道真的要熬这么多年，再考个证，再往上升吗？我不禁问自己，这次的实习经历，也为我后来到哈佛大学转专业埋下了改变抉择的种子。

在北京实习的这两个月经历，对我来说其意义不仅仅在于积累实践经验。在这个炎热的夏天，我认识了完全影响我的人生轨迹、现在已经成为我的先生的人——王斯旻。当时他在康奈尔大学攻读建筑系的研究生学位，在一次学习设计的学生们的聚会上我们相识。当时的我，对自己的未来出国之路充满了惶恐，对于自己的设计能力也很不自信。他的出现和对我的鼓励给了我太多的力量，他的支持也让我不断突破原来的局限，发掘出了自己的潜力和创作力。回到南京林业大学之后的四五个月内，我完全陷身在作品集的准备工作中。在南京没有暖气的冬天里，望着雾霾中安静的梧桐树，我搓着手哈着气赶着制图。现在回想起来，竟也全是温馨。因为继高考失利之后，这一次我终于有机会，感受到距梦想越来越近。

在这之后生活的大部分时间里，我总是莫名地对自己充满了信心；即使情况很不利，即使看起来有多么不可能，在内心深处，我总是觉得自己可以做到。也许正是因为这种“盲目乐观”，才做成了不少我自己事后回想起来都觉得不可思议的事情。环顾四周，我每每都有一种自己真是幸运，能和那些优秀的人一起学习、工作的感慨。我一直相信，路要越走越宽，选择要越来越多，才是正确的人生发展状态。

也是在这个过程中，我的生活不再只是读书、参加学生活动那么简单了。申请想要出国的学子们都会聚集在一些论坛上互相介绍经验。因为身边想要出国的人比较少，我也会在这些网上的交流社区中寻找志同道合的朋友，后来还曾一度成为最大的设计论坛的版主，做了一阵“网红”。人们如饥似渴地寻找着别人的经验，希望在别人成功的例子中找到一些和自己的经验相似之处，从而给自己的道路一些借鉴，给自身增加一些力量。

也是在这个时候，我渐渐感受到了互联网的伟大——天涯海角的人们在一个虚拟空间中，结成了联盟、形成了组织、发出自己的声音。作为一个意见领袖，我在论坛上的一举一动都成为了关注的焦点。在这里，信息的获取成本被无限降低，当人的获取信息的渠道变得容易和多元时，看问题的视角也会随之变化，一个之前被各种考试束缚的我也开始慢慢独立思考自己未来的发展。

更多的可能性

哈佛设计学院（Harvard Graduate School of Design）简称GSD，成立于1936年，几乎是所有设计学生的最终梦想地，多元化和交叉学科的教育方式在这里蓬勃发展着，就像在设计学院门口的标语所说：“This is no small project. That’s why we are doing it.”在这个地方，师生们都有着改变世界、领导设计革命的雄心。GSD设有建筑学、景观建筑学、城市规划、城市设计、设计研究专业，在设计领域的变革中，一直处在领导地位，培养了包括贝聿铭、劳伦斯·哈普林、佐佐木英夫在内的一大批设计领域的大师。

在我提交了自己的本专业，也就是景观设计专业申请之后，偶然地发现了GSD的另一个专业——设计学（Master in Design Studies）的截止日期还要在10天之后。我好像发现新大陆似的，疯狂地查阅了这个专业的相关资料，发现其中别有洞天：地产、科技、历史保护、艺术等八个方向以设计为轴心，向多学科领域延伸，解决着社会的不同问题和关切点。我一直相信，随着社会分工趋于细化，只有跨学科领域的合作和具有这种合作精神、知识储备的人才，才能对社会的改变做出更大的贡献。于是，于欣喜若狂中，我开始了申请该专业的准备。

在设计学的八个方向中，我选择的是景观专业的上游，即地产方向。因为在那时的我看来，想要开发出好的项目，在资本话语权强大的今天，应该更多地从开发商的角度去定义和施加影响；而且从能力角度来看，理性的地产和感性的设计也是个很好的互补。因为没有行业经验，所以我的个人申请陈述中并没有写所谓的那些“辉煌的过去”，代之的是一个关于地产开发评价体系的想法。现在想想，还真是感谢审核申请材料老师的赏识，那篇当时自信满满的文章，现在看起来还是——说好听点就是有点理想主义，说不客气点就是有点幼稚了。

设计学院发布申请结果的那天，我的心情由忐忑转为沮丧。看到朋友们有的有了好消息，我以为空荡荡的邮箱意味着默拒。然而当没被录用的拒绝信发出的时候，我发现自己的邮箱依然是空的。景观和设计学两个专业的申请状态在此后的几天里都是待审核状态。在对着邮箱刷新的日子里，我在不断期待结果的同时，也在带着点臆想地问自己，如果都录取了，自己到底是更倾向于景观呢，还是地产？一周后，我做出了决定，发给GSD录取委员会一封信，表明自己更喜欢地产。在那之后的一天，景观专业的拒绝信和地产专业的录取信几乎同时到达。

申请到自己期望的专业之后，我的开心里其实仍掺杂着忐忑。看着自己没有任何基础的课程，我既期待又紧张。果然，初到哈佛大学的兴奋在开学后很快就被繁重的课业和不适应所取代，原来每天充满画图的课程被数字表格所取代，相应的是思考方式完全的转变。我是在国内本科毕业直接到哈佛大学念研究生的，而我们班的大部分同学都有多年的工作经验。忽然发现自己成了班里的小妹妹，任何相关经验都没有，什么都要从头开始。在这个非常重视社交的行业，我也开始慢慢积累自己的经验。虽然仍是在设计学院下面，但是这是一个我完全没有接触过的领域，一开始的学习非常吃力，别人可能认为是常识的知识对我来说完全陌生，我一度怀疑自己之前转专业的决定是否正确。

在哈佛大学的第一年，我住在有百年历史的研究生宿舍Perkins Hall里。我的房间对面是一个来自伊朗后来移民到荷兰的姑娘，她在设计学院已经过了三个年头，正在读博士。她跟我述说了作为一个伊朗穆斯林女性，她是怎样克服社会偏见在西方社会中寻找文化认同，并来到哈佛大学念书的。在这个社区中，有来自各个不同研究生院的学生们，在公用活动室里，大家聊着自己的生活、自己的经历。每个人都有自己的故事，每个人都有自己的奋斗，每个人也都有自己的坎儿。渐渐地，我融入了这个生活的群体里。

第一学期结束了，虽然过程很痛苦但成绩意外地很好，我也渐渐将更多的时间放在课外的活动上，参与了很多和地产相关的活动。苦尽甘来的我仿佛穿越了一段激流，但当来到美丽的镜湖身边，却发现此处也不是我心中的桃源。作为建筑景观设计行业的上游行业，地产行业的变化更为缓慢。我们学习的很多内容都是上个世纪的经典案例，而我也似乎一眼就能望到自己未来十年的发展轨迹。对别人来说，这也许是稳定和安全感，但对于我来说，这个行业丰厚的收入并没能缓解乏味。再一次，我又推翻了自己以前的设定，对我来说，也许有更多的可能性。

不断推翻

在我进入哈佛大学学习的同时，我的男友王斯旻也在纽约一家世界知名的建筑事务所SOM开始了他的职业建筑师生涯，几乎隔周的周末都是在纽约度过，我俩也在为美国的交通事业的发展不断贡献力量。我们都是不安分的人，在这个摩天楼的丛林里，日复一日穿着西装挤着地铁的生活让他感到缺少激情，对创业的渴求在不断发展着。

我们都对未来持一种怀疑和寻找的态度，然而都对彼此感到异常信任和踏实。那年秋天，在我一次去纽约的时候，我的男友王斯旻用一场充满创意的求婚，确定了我们更长远的幸福。次年初，我们在好友的见证下，在曼哈顿民政局领取了结婚证。

虽然渐渐对地产方向专业失去了兴趣，但所幸的是，我所在的项目在选课上很自由，在课程设置上更多的目的是让学生们去发现自己的兴趣所在，而不是生硬地给所有人安排好相同的教育培养方案。

还记得春季学期的波士顿下着历史上罕见的暴雪，刚开学就连续停课了几次，从房间的窗格子望出去，天地都是白色的无限延伸。人们穿起滑雪装备在几个月前还是车水马龙的街道上滑雪，城市的交通系统基本瘫痪，路边堆起的高高的雪堆像一堵堵白色的墙，和寒冷一起，给了大家“宅”在家中的理由。就在这样的天气里，隔天我就要过河去哈佛商学院上课。我选了一门名叫数字创新（Digital Innovation and

Transformation）的课，上课所用的案例鲜活可触，甚至有一些故事，写的就是几个月前发生的事件，与地产专业的学习完全不同；互联网行业的快速变化和创新革命深深吸引了我，行业中人们的不断努力，切切实实地在定义着我们这一辈人的生活变化，在和课程老师还有同学们聊过很多之后，带给我的更多的是打开了不一样的视野。

在哈佛的第一年很快就要过去，我约了第一学期带我必修课的老师Richard Peiser教授聊聊暑假的计划。这个拥有耶鲁大学本科、哈佛商学院MBA、英国剑桥大学博士学位的老头几乎为教育事业倾注了一生。他在办公室里等着我，我说自己不确定这个暑假该怎么过，想问问他的意见。他转头对我说："那我问你另外一个问题，5年之后你想做什么？"我几乎没有太多思索，很诚恳地说，"也许会创业，做一些新的东西，不管是哪个领域，可能是科技、可能是设计、可能是艺术，但肯定不是地产。"老教授似乎是被我的回答吓了一跳，有点吃惊地望着我——也许还从未有过一个地产专业的学生跟他说这样的未来发展规划。后来的对话是如何进行的，我已经记不清了，但是老教授的问题让我触动很大，如果心中已经有答案，也许是时候朝着离梦想更近的方向出发了。

在哈佛大学和麻省理工学院坐落的剑桥小镇很有宇宙中心的感觉，可能从你身边擦肩而过的其貌不扬的一个学生就是下一个扎克伯格。各种企业交流、世界级学术论坛交流几乎每天都有，在中国如火如荼的创业创新热潮也传到了这里，也是在哈佛大学，我认识了徐小平老师和王强老师领导的真格基金投资团队。

回国创业

我先生还在研究生时，就启动了一次远程的创业。他和他的一帮朋友们，跨着大洋，建立了一家叫凯诺的公司。这家公司想要做的，是把国际上的优秀设计智慧，用网络的方式，对接给国内想学设计的学生们，从而实践真正的互联网设计教育。一方面是出于对他的支持，另一方面也是我个人兴趣所在，我越来越深地介入到了公司管理和运营的团队中去，成为了这家欣欣向荣的创业公司中的一员。

2015年1月份寒假进入尾声的时候，我和先生做出了一个重大的决定，到3月份的时候，开始付诸实施。我们拒绝了SOM的工作签证邀约，着手开始全职创业，推进凯诺公司的发展，也开始尝试些更有意思的想法。而我也与许多同学专心找美国的单位实习，并决定我的研究生那一年的暑假在北京度过。

在我俩回国之前，在真格基金的一次宣讲会上，我们了解到了真驿站这个项目。这个项目的目的，是为了帮助海归创业者接地气，了解国内市场，也为创业者提供一个观察、学习、适应和调整的机会。在半个月的活动中，我们每天走访两三家企业，与那些在创业第一线奋战的创业合伙人进行座谈，向他们取经。其中有刚融完天使资金，产品还没有上线的新兴创业者；也有像京东这样，已经能够给中国互联网格局带来变化的巨头。那些故事里各有苦乐，那些公司也各有各的优势和瓶颈。然而无疑的是，他们的创业热情和他们所能够享受的虽然艰苦却也自由激荡的人生彻底点燃了我们的热情。

在活动的最后一个酒会上，徐小平老师给了大家一个机会，让大家讲讲活动中酝酿出来的新想法。没有演示文稿（PPT），没有严谨的推演，在别人喝酒吃披萨（Pizza）的时候，我则在和我先生商量最近琢磨出来的一个关于对公司设计服务的新模式。他有些犹豫，因为想法还不成熟，而我则延续了我的盲目自信，鼓动他一定要去台前演讲，哪怕是去刷个脸。

结果不曾想，演讲不到一分钟，徐老师就激动地站起来打断我先生的话头，说这是他最近听过的最激动人心的想法，是颠覆性的。而我们也在活动中，收到了包括真格在内的许多创业公司的订单和意向，为线下的模式验证积累了初始的客户群。

后来的日子，激动与灵感，紧张与焦虑交织混杂在一起。我真正地体会到了什么叫作创业者“头一秒还觉得自己会征服世界，下一秒就会开始担心公司生存”的心境。那时候公司的人员并没有那么多，一个人承担许多事情是常态。新员工面试、新媒体运营、人员管理、业务拓展、项目管理，现在想起来对我真是近乎极限的挑战。

那时候我们的公司租用的是两个打通的居室。因为公司人员不多，所以能够腾出一间小屋，供我们俩暂住。吃住在公司，从早上忙到深夜，躺在床上两个人有时候还在讨论公司发展的问题，而第二天9点不到，公司员工就都会来上班，一周7天，几乎天天如此，连睡个懒觉的机会都很难有。

经过这些努力，凯诺公司取得了重要的成长，一个活跃而坚定的设计师的圈子也在我的运营下渐渐稳固，第二个想法也收获了第一批的项目，商业模式和团队也渐渐清晰了。

不过在这个时候，我和我先生也渐渐意识到，我们对彼此事业的支撑，未必以两个人全职做同样的事业这种形式为最好。尽管从早到晚我们的共同努力效率很高，然而当我们在一起的时候，完全分不开休息和工作的状态。这无疑会影响彼此的生活质量和心理状态。所以在暑假末尾，我们做出了重要的决定，我们彼此尊重和帮助对方的事业，但也保持着相对独立的努力方向和目标。事后回想起当初一起创业的那段日子，内心一直怀念。当时我们对桌坐着，共同忙碌、共同努力的样子，有时也许因一些事情而让人焦虑，然而我们彼此只需一个眼神，就足够让人静下心来。

设计师的黑科技

暑假结束，我回到了学校，我的先生和团队成员们留在了北京继续奋斗着。而我也开始了下一段的尝试和寻觅。我也曾经纠结过，对于一个没有太多实践经验的年轻人，是创业好还是去大企业好。大企业对于获取经验有作用，且能够学习很严谨的管理和经营模式；而创业公司吸引人的地方在于，能够接触到新的行业和做事方式。因而，最终我还是决定去适合自己想法的创业公司，让自己的成长也伴随着公司的成长，做能改变世界的新鲜事，而不是做一个可有可无的螺丝钉。

这年11月，真格基金带领所投资的公司成员来参加麻省理工学院（MIT）创新创业大会，在会后的交流活动中，我结识了真格基金投资的出门问问团队，而我作为哈佛大学学生的最后一个寒假去了这家坐落在北京中关村的人工智能创业公司实习，担任的岗位是产品经理。出门问问是谷歌在中国投资的第一家公司，创始团队都是海外归国的精英，CEO李志飞曾在谷歌总部工作多年，在办公区随处可见带有硅谷创业者们的基因，每天在工作群中的“早报”都在提醒着大家，我们和这个世界最前沿的人工智能技术进步在联动着。

说实话，这对于我来说是一次很神奇的经历。在互联网领域，产品经理这种岗位是伴随着行业的兴起而产生的，对于这个岗位的要求其实是非常全面和严苛的。可以说是每个互联网公司的灵魂团队，没有好的产品，其他方面做得再好也是一个没有肉体的躯壳；而一个设计背景加了些金融知识的我从来对人工智能的技术没有过任何经验，但是却进入了这个公司的核心团队，就像一个艺术生忽然加入物理奥赛培训班一样，一切陌生却新鲜和激动人心。

这个每天都在发生着变化的公司，大家的状态不是在工作，而是在战斗。公司的主要年龄层是八〇后，很多人都有在海外名校留学经历和放弃以前高薪工作的经历，也有人因为存在改变世界的理想而聚集到这里。

对于产品进步的每次构想，在很短的实践过程中都能得到实现，这给了我绝不同于以往的感受。我也更加接近用户的反馈，在每一次团队讨论中反复测试自己的构想，在打磨中成长。在公司对于产品迭代的效率上，我印象深刻。管理软件上罗列着许多的设计和开发人员所负责的一个个大项目中的小进步，或者我们叫特色（Feature），每个进步的推进牵涉到许多部门的协同与时间节点上的配合，每个特色（Feature）都反映着用户的需求或者产品的发展。在这个链条中，你会觉得整个公司像一个拥有创意却又足够精密的仪器，大家各司其职，让创意达到用户所想，把想法不断变为现实。就这样，在一个月后实习期结束的时候，我负责的特色（feature）正式上线了。产品组的负责人叫林宜立，毕业于清华大学和哈佛商学院，也是这里的热血青年之一，看着他在发布会上展示我负责的产品功能的时候，真是非常有成就感。

初心

最后的一学期，我投入于毕业论文的紧张准备中。我的导师是哈佛设计学院的前院长，一个非常睿智却又玩世不恭的大咖Peter Rowe，和以往的我听到的通常反应不同，老教授听到我的经历之后，非常自然地鼓励我去追求自己想做的事情，不用被之前的背景或是别人的评论束缚。当然，就像上个学期选了门艺术史的课一样，我决定继续任性，于是我来到了绘画课的课堂。

小时候曾经梦想成为画家，不过这种艺术梦渐渐被繁重的课业压倒了，不论是家长还是自己都觉得画画只当作兴趣爱好就行了，而不能拿来当饭吃。成长有时就是一个对周遭的一切慢慢熟悉最后变得麻木，每天都忙着“积极向上”，却忘记了自己真正的热情在哪里的一个过程。

本来是抱着最后一学期任性一下的态度上了画画课，但是这学期再一次彻底改变了我对未来的思考。就像隐藏在心底的一个灵魂被惊醒重新出发了一样，从艺术的角度，我在重新观察着这个世界，一切事物都变得鲜活生动起来，像刚刚认识这个世界的孩子。在第一次课堂评图上，大家自由发言，没想到在我的几次天马行空的发言过后，老师非常兴奋，对我说：“你真的应该做个艺术家，对于艺术来说，技法不是最重要的，最重要的是想象力，你不应该浪费自己的才华。”我也开始投入到创作中，重新点燃了做一个艺术家的梦想。在创作的时候，时间会不经意地流逝，不会累也不会感到厌倦，在日常生活中的每个空隙，都填满了各种新奇的想法和野心勃勃的计划。不忘初心，一个已经近乎陈词滥调的词，竟给了我莫大的感动。

其实我也想过，是不是就这样，自己以前在其他领域的努力都白费了。由此，我越来越感觉到尝试的重要性，只有把其他不可能都试过了，才会更加坚定地在适合自己的道路上走下去。这种尝试着走过来的过程，不是拿起来再放下，而是在生命的维度里不断地旅行的过程。我学过的景观设计，让我知道什么是美，怎么样能够把美和秩序带给更多人。我试过的房地产专业，使我明白商业的感性与理性，风险和妥协，也让我对数字和交际有了更深的理解。我做过的创业，让我感受了自己定义自己的快乐，同样也拓展了责任上和效率上的极限。我担任过的产品经理，让我明白了互联网时代的逻辑，见证了一家科技驱动公司的成长。每次经历各不相同，却又互相勾连；每次经历在我的不同方面，证实着或排除着可能的人生方向，最终渐渐勾勒出我想去的远方。

变化的未来

哈佛大学校园的草坪上，有着一张张年轻的面孔：有的抱着笔记本电脑在快速敲字，有的斜靠在散落的椅子上看书，有的行色匆匆快步走着。也许是要去上课，也许是要去图书馆学习，或者要赶一个活动。新生的力量在这个古老的校园中勃发着、变化着，不变的是春天的嫩芽、夏天的鸟鸣、秋天的红叶、冬天的积雪，还有哈佛雕塑上那只被人们摸得锃亮的鞋头。这个并不是John Harvard本人形象的雕塑成了学校的标志之一，他永远望向校门，目送着一拨拨哈佛学子意气风发地从这里走进来，又充满希望地走出去。

对于任何一个机构或者组织来说，核心价值最终还是人的价值。如果要问哈佛大学带给我最有价值的是什么？当然是人，是他们的思想。经常有人问我：“你们哈佛的学生们是不是都是那么刻苦，每天学到凌晨四点？”我们当然刻苦，但是更多的人把时间放在了思考而不是机械的工作上。在这里，有很多优秀的人才，每个人都有令人啧啧称赞的履历，但背后都经历了奋斗的辛劳和无数次挫折。我很感激，能和这群优秀的人们一起共事，他们教会我的东西，也是哈佛大学给我的财富。

其实写个人经历，是一件看似简单实则很难的事情。一方面写作上不需要任何准备，因为一切都是你自己所经历的，讲出来就行；但是另一方面生活的变化又是如此之快，如果今年的我能够知道明年的我的样子，也许会惊讶；所以等下次我做小结的时候，不管人生方向有多大变化，各位读者也无需吃惊。生活，本来就是充满了变数的。

从出生以来，我们就被赋予了很多设定，后来也在不断地给自己身上加设定。变化，对于个体来说，随着时间的流逝，变得越来越难，大部分人都在妥协。“先把这两年过去吧，后面再慢慢来吧。”“都走到这一步了，还能怎么样呢。”我们经常能听到这样的话。但是一两年的蹉跎可能最后就变成了10年、20年的蹉跎，最终每天都很忙碌，却没有做自己真正热爱的事业。我很庆幸，在研究生的这两年间，自己像一个本科生一样，选了很多和本专业不相关的课，干了不少以前想都没想过的事，尝试了这么多可能；在家人的包容下，在朋友的帮助下，在哈佛的平台上，精神越来越自由，也越来越勇敢地去生活。

做中国第一个开拓羊驼产业的人

覃叩

能生在这样一个大时代，接受中美两国最好教育、顺应时代大潮流，是我和同龄人莫大的幸运。在感恩的同时，我也希望尽自己的力量，和同龄人一起让未来成为我们想象中的美好样子。

——覃叩

覃叩，华中科技大学毕业，就读于哈佛大学公共卫生学院。他曾发表第一作者论文和评论到《自然》子刊及多种国际著名科技期刊，还多次获得国际学术会议演讲第一名，也曾在全球四大博物馆之一的纽约大都会艺术博物馆做艺术讲解员。在康奈尔大学医学院工作期间，他曾创立GenomeQ基因检测公司，和美国23andme合作，用基因检测技术来预测和预防疾病。他曾获得哈佛大学Central Grant奖学金和美中关系全国委员会奖学金，并创立第一个哈佛个性化医学社团 。

他曾经一个人走过中国丝绸之路；也曾经风餐露宿，环游美国40多个州，接触到大量美国底层和边缘人群，并与贩毒团队、贫困黑人和非法移民做朋友，认识他们的喜怒哀乐，了解他们的真实生活状况；也曾经以背包穷游的形式环游中美洲几乎所有国家，包括古巴。最近一次花了4个月，用不花钱住旅馆、只住欧洲当地大学生家里的形式，背包环游了25个欧洲国家，了解欧洲年轻人的思想，结交各国好友。深入的学术研究，多样化的社会经历和广泛的兴趣是他的创意来源。在创业方面，他选择了羊驼项目，希望做中国第一个实验并开拓羊驼产业的人。

心中的梦想

“你是哈佛大学的学生，为什么要拒绝世界500强的工作，创业做羊驼项目？”央视记者不解地问我。

“我认为回国去创造一个全新的羊驼产业，创造新的就业机会要比我在美国大公司的小隔间里做一颗螺丝钉更有挑战，更有意义。而且创业这个过程像冒险旅行一样，有苦有甜，非常有趣。”

“那你之前受到的教育会不会有点浪费？美国和哈佛大学教育对你来说意味着什么？”记者继续追问。

我沉默了片刻。这也是我这几年思考了无数次的问题。对于我这样一个接受了东西方教育，学位拿到顶，科研论文发到世界顶级期刊的人来说，教育的意义是什么？

物理学家爱因斯坦同时也是一个伟大的还原论者（Reductionist），善于把最复杂的宇宙还原成最基本的公式，把最复杂的现象回归到最本质的状态。他说，教育就是当一个人把在学校所学全部忘光之后剩下的东西。

那么，这“剩下的东西”是什么？

2008年哈佛大学本科毕业典礼上，哈佛大学历史上第一位女校长福斯特（Faust）给很多面临不同职业选择的学生上了最后一课：

“我听过你们谈论面临的种种选择，所以我知道你们对成功和幸福的关系感到烦恼——或者更准确地说，如何定义成功，才能使之产生并包含真正的幸福，而不只是金钱和名望。你们担心经济回报最多的选择，可能不是最有意义或最令人满意的。但你们想知道自己到底应该怎样生存，不论是作为艺术家、演员、公务员还是高中老师？你们要怎样找到一条通向新闻业的道路？在不知道多少年之后，完成了研究生学业和论文，你们会找到英语教授的工作吗？

“答案是：只有试过了才知道。但是不论是绘画、生物还是金融，如果你不去尝试做你最喜欢的事；如果你不去追求你认为最有意义的东西，你会后悔的。人生之路很长，总有时间去实施相对安全的备选方案，但不要一开始就退而求其次。

……

“最最重要的是，你们问问题，既是在问我，更是在问你们自己。你们在选择道路，同时又质疑自己的选择。你们知道自己想要什么样的生活，只是不知道确定自己所选的路对不对。这是最好的消息。从某种程度上说，这也是我们的错。关注你的生活，对其进行反思，思考怎样才能好好地生活，想想怎样对社会有用：这些也许就是人文教育传授给你们的最宝贵的东西。

“人文教育要求你们自觉地生活，赋予你探索和定义所做之事的内在意义的能力。它使你学会自我分析和评判，让你从容把握自己的生活，并掌控其发展路径。正是在这个意义上，‘人文’才是名副其实的解放（liberare）——自由。它们赋予你开展行动、发现事物意义和做出选择的能力。通向有意义、幸福生活的必由之路是让自己为之努力奋斗。不要停歇。随时准备着改变方向。记住我们对你们寄予的厚望，就算你们觉得它们不可能实现，也要记住，它们至关重要，是你们人生的北极星，会指引你们到达对自己和世界都有意义的彼岸。你们生活的意义要由你们自己创造。”

福斯特校长对于教育的阐释，是对中国功利性学习和工具性教育最响亮的驳斥。回想我的青春少年时光，几乎都是在外界高压下上课、做题、考试、升学，感觉喘不过气来。每个短暂生命的意义是什么？教育、自由、财富和人生幸福的关系是怎样？如何克服内心恐惧，尝试新事物，探索自己的兴趣，发现自身的特质？怎样培养好奇心，提出正确的问题，主动而快乐地学习，并用证据和逻辑来质疑和挑战现有理论？如何创造性地思维，批判性地接受任何一个披着“真理”外衣的现有知识？怎样实践自己的领导力？……在中国教育夹缝中求生存的我几乎很少有时间、有精力去深入思考和实践这些西方“启蒙运动”（Age of Enlightenment）中

最重要的教育和个人发展问题。

幸运的是，大多数父母、学生甚至教育者本身，都已经意识到中国教育过于工具化和功利化的问题。更幸运的是，在互联网时代，国门之外的新鲜事物，西方教育的新理念离每个人都很近。有很多人批评中国大学严进宽出，放羊式的相对自由。但我觉得，一生中难得的这点“自由空间”却给了很多学生重新呼吸、重新思考和勇敢试错的机会。而我的大学，严谨且自由的华中科技大学，也给我提供了这样一个难得的启蒙空间，去跳出条条框框，思考一些从来没思考过的问题，尝试一些从来没想过的事情。

对于现阶段创业的我来说，以一人之力，希望集聚力量，在中国创造一个全新的羊驼产业，无疑是一次天马行空的拓荒之旅。就像福斯特校长所讲的那样，哈佛的学子们，你们每个人都刻苦聪明，雄心勃勃，不要一开始就退而求其次去做最容易最保险的事情。在醒着的时间里，我也在追求我认为风险最高、最有意义，也最特别的事情。谋事在人，成事在天，中国那么大，机会那么多，我不怕失败。就算失败，我至少经历过一段奇妙而无悔的人生。当我老了的时候，我会像讲故事一样说：“你知道吗，我就是当年那个牵着羊驼去冒险的羊驼哥！”

专业选择

华中科技大学的新生报到那天，走在大森林般的美丽校园里，我突然有种笼中之鸟被放飞的自由感觉。“终于脱离应试教育的苦海啦。我要飞得更高！”我一边想，一边哼着《飞得更高》。

从小到大，老师对我的综合评价就是：“覃叩很聪明，但不细心。玩玩打打，没那么刻苦，却总是班上前几名。”父母也不会对我的学习成绩有特别的要求。初中时学校要暑假补课，我父母甚至第一个站出来跟老师打电话，反对学校暑假补课，让我享受难得的暑期自由。我家里有一个很大书柜，都是父母读大学时攒下来的书，就是在这样的生活状态里，我会看“无用”的书报、自然科学、中外文学、西方美术和音乐史，包括政治、经济、地理都会涉猎。高中时，我也是班上最关心中外明星八卦、记歌词最多最快的人。零花钱很多都是用来买报纸杂志：娱乐八卦肯定买，《参考消息》有一份，《南方周末》《环球时报》《国家地理》偶尔买。几个报纸杂志发烧友会交换着买报纸杂志，然后全班传阅。这成了我们学习之余不多的信息来源。

就这样看着“无用”的书报，玩玩打打，聪明却粗心的我勉强在高考制度里幸存下来。而到了大学，我喜欢“做无用功”的习惯变得更加“放肆”。

学习“能源工程”专业的我好像对能源兴趣并不大，虽然煤炭、石油和核电行业的工作稳定，就业和收入都很不错，但是一想到以后挖煤炭、打油井、发核电，我就犹豫。“这个真是我想要从事的事业吗？”在犹豫了1年，看到自己在《机械制图》课程考出的见不得人的分数后，我终于在人生中做了一次主动地选择，我转专业到了“生物医学工程”。4年前，人类基因组的第一张草谱才在美国刚刚发布，虽然那时我还不太理解人类基因组，但是这些未知之谜勾起了我极大的好奇心。另外，我加入了武汉晚报社驻校记者站和长江白鳍豚保护协会，开拓我在专业之外的视野。没想到，在这两个课外活动中，我认识了大学中最亲密的好朋友，经历了大学最难忘的时光。

在一次校园采访中，我发现好几个大学新生跟我述说了同样的故事，有一对姐弟求助他们赞助回家路费。姐姐大概高中生的年龄，弟弟可能不到10岁。我突然意识到自己可以去了解姐弟的生活，写个新闻号召大学生，帮助这对姐弟筹齐回家的路费。我开始在校园寻找这对姐弟。那天傍晚，一个大学生给我打电话说他们看到那对姐弟了，让我过去采访。我一听，心花怒放地骑着自行车直奔现场。我一看到他们便气喘吁吁地介绍自己，说自己是大学生记者，想要采访他们，发新闻帮他们筹集回家路费。这时，令我意想不到的一幕发生了：那个姐姐突然脸沉下来，牵着弟弟转身就跑。还没反应过来的我下意识地去追，不想让新闻溜走。当我追上他们的时候，姐姐突然倒在地上哭，不知情的弟弟也跟着她哭。我一下子慌了，也更加纳闷了，我看起来这么像坏人，这么令人可怕吗？

我把我的零花钱拿出来给姐姐，希望她别哭了，我只是帮助他们。她哭着说："求求你，放我们走吧，我再也不来这里啦。" 直到此刻，初出茅庐的我才意识到，我可能遇上了校园骗子，而这一次骗子不是成人，而是只有十几岁和几岁的姐弟俩。我感觉有点眩晕，不知如何处理。我应该报警吗？还是继续了解他们的故事，挖掘"未成年人变身校园骗子"背后的新闻？姐姐越哭越厉害，央求我别报警。我的心真的有点碎了，为什么他们这么年轻，就走上校园行骗这条道路？他们真的需要帮助吗？政府知道这群弱势群体的存在吗？还是另有其他原因。

我说，我不会报警，除了给你钱，我也不知道怎么帮助你们。但是作为一个记者，我有责任知道这背后的故事。手里握着我零花钱的姐姐，慢慢停止哭泣，跟我述说了让我更加吃惊的经历。她来自安徽蚌埠，辍学来武汉打工，可是到处被骗，在酒店里面当清洁工，到了月底老板为了不发工资，把她开除了。她生活没有着落，加入了一个行骗组织。而这个只有几岁的弟弟，她原来也不认识，而是这个组织分配给她，用来博取同情心的。

我不知道故事的真假到底有多少，但是未经世事的我听到这样的故事，犹如被雷劈了一样。回到家，我开始写新闻，希望用我的新闻唤起大家对于这种社会现象的注意。可是，最后我送到报社的新闻稿件石沉大海，再无音讯。后来，我去了那位姐姐口中提到的汉口火车站，我甚至翘课在那里和穷困潦倒的打工者混在一起，晚上在地板上和他们一起睡了两个晚上；第一次体验到了无家可归的感觉，看到了遍地肮脏，善意和谎言并行的世界。而这样的露宿体验，也成了我之后环游美国和欧洲时，零距离接触当地底层人民生活的必选项目。

花了我最大心血的几个稿件从未见报。这件事情让我开始思考新闻这个行业，也让我意识到大学之外的世界的复杂和不可预测。我有责任和义务帮助这些人吗？我应该以怎样的方式来帮助他们？新闻可以让大众关注社会问题，但是科学技术却可以解决社会问题。

除了新闻和白鳍豚保护这两个社会活动，我意识到我们专业最前沿的科技进展总是从美国出来。我开始想到要出国研究人类基因组。为了这个目标，我开始准备GRE和托福。我把自己关在小屋子里，经常一整天不出门，学习专业课，背单词。大学成绩也从班里的中等提升到了班上的第一名。《模拟电路》《信号与线性系统》《光学原理》《生理学》《解剖学》等这些难度大的专业课程都拿到了90分以上，这在班上是唯一的。

毕业前，一个美国知名教授来我们学校演讲。他是研究人类糖尿病遗传基因的专家，在《自然》上发表过论文。当我表达了想到美国留学研究人类基因组的时候，他看了我的简历和成绩后当场就说：“申请我们学校，来当我的学生吧。”作为一个在大学里普通到不能再普通的本科生，一番忙碌后，居然拿到五个美国大学和医学院博士项目的全额奖学金。最后我选择了小而精的乔治亚医学院，就是因为这个教授。

医学院里的科研

来到美国，立刻被随处可见的森林、清澈见底的溪流湖泊和校园里到处流窜的野生小动物所吸引。每天蓝天白云，几乎零污染的自然环境甚至让我觉得有点不真实。但是更让我震撼的是医学院的课堂和实验室。

整个医学院的研究生学院只有20多个人，其中包括两个中国人。每个专业方向的只有3~5个学生。最夸张的是，好多博士专业课上只有两三个学生，但是每一门课的教课教授却多达20位；没有讲师，最低职位必须是助理教授。每一节课的相关内容只有做这个研究方向的教授才能给我们上课。而每堂课，每个项目的系主任还都必须和学生坐在下面，作知识补充，帮助学生讨论。

面对这种小班教学的极致，我突然感到前所未有的压力，再也不敢随便翘课了。因为有时班上一共只有两三个学生，却有两个教授（一个在上面讲，一个在下面督课）。我们甚至不敢同时感冒或生病，要是其中一个同学生病，都会跟另一个同学打电话，以确保课堂上至少有一个学生。

在这样的课堂环境下，每一个学生都受到充分的关注和重视。每一节课，都是这个领域研究前沿的教授。标准教材的教授只是一部分，课堂上更多的是分析最原始或最新的论文，还有课上长久深入的沉思和讨论。有时课堂上，我们会花5分钟的时间现场思考一个问题，鸦雀无声，然后发言展示自己的思维过程和逻辑分析。而且一门课，20个不同的教授，每个人的研究领域不一样，教课风格不一样，甚至英语口音也不一样。这也给课堂带来多样化的思维方法和研究方式，也给学生将来进实验室的5次轮转、确定研究兴趣和方向，提供了最直接和多样化的选择空间。

另外每一周，每个学生必须至少参加一个外校教授演讲的研讨会（seminar），一个本校其他教授的研究进展报告会。教授讲45分钟，提问15分钟，然后吃饭1个小时全部是讨论，话题首先是科研和工作，然后蔓延到生活和哲学，最后甚至涉及政治选举、社会新闻和明星八卦。一个个看似不食人间烟火的科研教授立马活生生地变成了学生们身边的一个凡人。“以学生为中心”的小班教学教育思想在这个小而精的医学院里面被发挥到极致。现在看来，当时有这样的教育资源和环境非常幸运，甚至是一种奢侈。以至于我来到世界闻名的哈佛大学，都觉得哈佛大学的课堂太大了。

1年后，我确定了研究方向，幸运地加入新的年轻导师列文的实验室。这样的师生情缘没想到扩展到我未来工作和生活的方方面面。列文不仅是我科研上的导师，也成了我人生中的良师益友。以至于每次危急时刻，他总是出来帮我出谋划策，让我逢凶化吉。

实验室只有4个人，1个导师，1个技术员，两个博士生。初期，导师几乎是手把手地教我做基本实验，学习科学仪器和软件。等我上手了，他开始故意为难我，让我自己解决问题，哪怕他知道解决方案。我当时不太理解，觉得他要是肯帮忙，我的实验会很顺利，进度会加快很多。可是他总是说，对我而言，一下子找到最正确的解决方案不是最重要的，而如何探索找到一条行得通的路这个过程本身更重要，哪怕这条路更加曲折。就这样，我在“被放养”的情况下，靠着他的提示，自己摸索了一年多终于上道，确定了我的研究兴趣和方向。过程虽然艰辛，但是成长很多。一年前，我还不会操作复杂的共聚焦显微镜和双光子显微镜；一年后，我不仅知道自己的研究兴趣和方向，甚至会自己改装这些昂贵的显微镜，编写机器语言，控制仪器，处理数据。一年前，我对膜片钳技术一无所知；一年后，我练就“神嘴吸功”，用嘴巴的呼吸控制气流大小和机器针头的位移，一个小时内可以测出10个细胞的膜电位或者单分子通道的电流。

之后的几年，我经常需要在漆黑的房间里连续待8个小时。我的课题选择有两个，一个是低风险项目，易出成果；一个是高风险的全新的项目，很可能失败，但如果成功，将会是很重要的新领域开拓。导师说你选哪个？我说我想选高风险的。他说你不怕失败吗？要是失败，你可能就没有论文不能毕业了。我说我希望做出有影响力的研究。导师语重心长地说：“你这样功利的做科研的想法，我很担心。我担心你误入歧途，为了名利和所谓的影响力而去做科研，而不是为了纯粹的科研兴趣和求知的好奇心。大多数好的科研是静下心来，无功无利地玩耍，满足好奇心。”

我一下子呆住了。在国内，我一辈子被教育要做最重要的科研，做最有影响力的科学家，要为诺贝尔奖奋斗终身。而我的导师完全相反，他希望我选择项目是为了纯粹的科研兴趣，满足求真知的好奇心，这样才能保持科研的纯粹和结果的公正性。

我最终选择了两个项目同时进行。一篇可以保证发表论文毕业，另一个就是满足我的好奇心和冒险精神，让我挑战新领域。第一个项目进展顺利，一年后，我发表了人生第一篇文章。可是之后的三年，我没有发表一篇文章，甚至连挂名文章都没有，因为我和导师都希望沉下心来，集中精力啃一啃硬骨头。

我的高风险项目，是研究细胞膜蛋白分子的三维结构和电物理引力。因为细胞膜分子的庞大和结构复杂，在当时几乎没有膜蛋白的晶体和三维结构图的情况下，我几乎像是在黑暗中研究一个物体的运动状态和开关规律。我们用了一切可以想到的办法把细胞点亮，用不同颜色的光标记不同的分子，用数理模型来研究这些光的运动轨迹，以此来推演膜分子的运动轨迹。项目做了整整3年，到攻读博士最后一年的时候，我还是一筹莫展。最后用基因工程变异膜蛋白分子所有可以改变的结构，每一次变异都意味着从头再来。头三年摸索出来的方法和系统，我在最后一年重复了8次。中间有一次，仪器出了故障，我做了半年的实验数据全部作废。那一天，我在实验室里难受到欲哭无泪，呕吐了出来。导师放了我两天假，期间还带我去新开的餐馆吃饭，让我重拾信心，继续做下去。

就这样，当我和导师看到第7次和第8次的实验数据时，我们都跳了起来。我们找到了膜蛋白分子的重要开关部位了！膜蛋白分子被敲出的老鼠长不胖而且不容易得糖尿病，所以这个蛋白对于肥胖症和糖尿病的治疗可能非常重要。历时半年的三轮艰难审稿和实验数据补充后，《自然-化学生物学》只刊发了四个作者的论文，杂志同时请了美国国立卫生研究所的主任和英国的权威科学家做了专门的长篇评论："照亮了一个长达几十年的科学疑问。"而这也是我的导师科研生涯中第一篇《自然》系列的文章。

周五，实验室成员一起出去吃饭庆祝的那一晚，我看到了一队帅气的美国老头子开着哈雷摩托从远处呼啸而来。他们大多有花白的头发，被风吹红的脸上布满皱纹。但是他们全都穿一身帅气的皮夹克，有说有笑，朝气蓬勃。原来这一群可爱而年轻的老头子在一起风餐露宿，环游美国，一起实现他们年轻时的环游梦。

对此，我的心里充满无限的崇拜和羡慕。我也有环游美国、环游世界的梦想。那为什么不现在开始行动呢？

环游美国

周五晚上有了环游美国的想法，所以答辩结束、论文也修改完毕后，我就跟导师写了一封简短的邮件，告诉他我环游美国去了。导师做了“祝你好运！”的回信。周六我就已经订好灰狗巴士的月票和大致路线图，周日就准备好个人徒步旅行的装备，周一我就踏上了环游美国的旅程。启程前一晚，我怎么也无法想象在未来两个月的时间里面，我在一万一千英里的旅途中会遇到什么样的美景、困难、危险和好心人。

我的环美之旅从跳伞开始，3万英尺的高空中，机舱门一打开，风就像洪水一样涌了进来，有些美国女生开始感到害怕并哭泣，在最后一刻放弃跳伞。看着排在我前面的人像石头一样从飞机上面坠落下去，我也想放弃，可是我告诉自己，我来跳伞就是要克服自己的恐惧的。如果我连跳伞的恐惧都无法克服，那我又如何能克服独自一人背包环游美国时会遇到的困难和恐惧？

就这样，我闭上眼和我的教练跳了下去。让我惊奇的是，最恐惧的时候已经过了，我开始慢慢适应并且习惯自由落体的感觉，同时跳下来的摄像师陪着我，跟我一起做各种空中自由落体动作，在云层中翻飞。我突然感到一丝轻松、自由。当我们能看到地面的一些物体时，教练打开了降落伞，我告诉自己，最危险的已经过去了，我要享受这个缓缓下坠的过程。以至于落地的那一刻，摄影师问我的感想，我说，“我还想再跳一次！”

是的，最让人感到恐惧的是跳伞前的那一刻，因为那个时候，我还可以选择不跳。就像这段环美旅程，最困难的是出发前的那一刻。一旦出发，我已经成功了一半。

出发的第一天晚上，我在灰狗车站遇到了刚从监狱里面出来的一个高大帅气的白人，聊了一会儿才知道他非法跨州走私香烟。好奇的我问他美国监狱的样子和生活，他也绘声绘色地跟我讲解，让我大开眼界，也认识到美国电影中的监狱和现实中的监狱是有多么不同。

第二天晚上，我又坐了去芝加哥的午夜巴士，同排的那个人一直昏睡，还身子发抖。我以为他冷，就将外套借给他盖在身上，结果他抖得更严重了。我问他“怎么回事啊”？他才告诉我真相：他的毒瘾发作了！我读博士研究了5年的神经学和毒理药理学，却从来没有见过一个真正的瘾君子，也没亲眼见过毒瘾发作的症状。我一下子觉得，我有责任和义务去帮助他、照顾他。他开始在座位上抽搐，越来越厉害。夜里整个巴士车厢非常安静，他抽搐着发出时断时续的呻吟显得格外刺耳。我不知该如何是好，只能握着他的手，试图给他传达一点温暖。我把我的水给他喝，可是他喝一点就会吐出来。我抚摸他的背，告诉他下一个中转站就要到了，坚持一会儿就可以躺下来休息。我的眼里突然满是泪水，我一个学神经学和药理学的博士居然如此无用。更让我意外甚至寒心的是，除了我，车厢里没有一个美国人上前来帮助他，照顾他或者告诉我该怎么做。

到了中转站，他说他很饿，一天没吃东西了，我就买一个芝士汉堡的套餐给他吃。虚弱无力的他狼吞虎咽后跟我讲了他的经历。他的后爸对处方鸦片类止痛药Oxycodone上瘾，结果他妈妈也被牵涉进来，而他也加入oxycodone的黑市交易。他远在芝加哥亲生爸爸给他申请了戒毒中心，不给他寄钱，只给他寄了一张车票，让他从佛州坐车到芝加哥去戒毒。听着听着，我的眼泪止不住又下来了。又给他买了两大袋面包和奶酪，在中转站短暂停留后我们又上了车，我给我的医生导师写了一封信询问该如何处理毒瘾发作的情况。幸好后半程吃饱喝足的他状况好多了。凌晨汽车到站后，我亲眼看着他的爸爸开着皮卡来接他。那一刻，我心情既愉悦又沉重。不过，那一天芝加哥阳光明媚，喝了一杯咖啡后，我又精神百倍，开始了用脚丈量芝加哥的行程。

芝加哥风格各异的建筑群和五大湖的美丽景色给我留下了深刻印象，而让我有理由再次访问芝加哥的是芝加哥艺术学院Chicago Institute of Art。其偌大的艺术博物馆感觉像是一个时间博物馆，从远古人类的洞穴画像，到古埃及金字塔墓壁上的神秘图案和木乃伊，再到波斯的楔形文字和挂毯、中国的诗画瓷器、欧洲的油画雕塑，感觉一周都看不完。那一刻，我突然有一个愿望，希望能住在这个艺术博物馆旁边，从艺术和器物的角度来学习和研究世界地理、文化和历史。

离开芝加哥，我继续向西行进，途中认识了一个英国的年轻背包客Nathaniel，跟我一样环游美国，我们结伴而行。他背了很大的背包，还有帐篷可以露营。于是我们俩一起白天环游美国，晚上找一处郊外的草地安营扎寨，有时候甚至就跑到河边或湖边洗澡，夜里我们幕天席地讲述自己路上的经历和我们自己的故事。他学的是教育学专业，毕业后成为一个英国乐队的主唱，这一年他决定一个人背包环游美国寻找创作歌曲的灵感。听着他在草地上一边弹唱，一边写曲子和歌词，我突然很羡慕他，觉得他的生活自由而幸福。

我们结伴后，遇事我都感觉不那么紧张害怕，也开始慢慢享受这样一个天马行空、说走就走的旅行。在明尼苏达州，我们遇到了一对上海交大的退休老教授，年近七旬，他们居然也在环游美国；他们还曾经试图攀登珠穆朗玛峰，可是在大本营住了一段时间后还是放弃了。在南达科他州，我们遇到一个看起来很邋遢的美国退休老兵。开始我们以为他是乞讨者，没想到当他们了解到我们两个人在背包环游美国时，竟直接给了我们100

美元资助我们去看总统山。在怀俄明州，我们碰到一个迷路的年轻男孩，感觉他精神恍惚，背包里只有几张画画的纸和空瓶子。当我给他一些牛肉干吃的时候，他突然向我们哭诉他迷路的事情。我们帮助他联系到他远在孟菲斯的妈妈，也拨打了911，当地的警察和医生及时赶到，给他做一些医学检查和保安过程，然后送他回家。在怀俄明州，我们把帐篷扎在了黄石公园的帐篷区，

在那里遇到世界各国的背包客，很多美洲、欧洲和南美洲的背包客，却很少见到亚洲人。在那里，大家分享食物，互相帮助，交流旅游经历和自己的故事，简直就是一个全世界的故事交流大会。

在犹他州，我们通过一个国际打工旅行组织wwoof，住到一家农场主的家里，通过给他打两天的小工赚取食宿。这种租住方式鼓励年轻人环游世界，并且通过在当地找到一份短工解决食宿问题，了解当地人和文化。在农场，我们花了半天的时间学会开小车堆草垛，然后花了一下午一晚上的时间把草垛准备好；第二天，我们去大棚里检查蔬菜和果实的生长情况，晚上的时候听摩门教的农场大爷讲摩门教的一些内容。我对宗教一直不感兴趣，但是在这里，竟对神秘的摩门教产生兴趣，问了好多问题。在犹他州的好几个国家公园里，看到宏大的自然美景时，我全

身汗毛竖起，激动得几乎无言以对。当时只有一个想法：美国真美，自然真伟大！我真希望我父母当时就在那里站着，和我一起惊叹于地球的美景。在爱达荷州广袤的土地上，我们花了一整天跟着机器收割，把土豆装袋。在西雅图，我们参观了星巴克第一家咖啡馆，喝着最原始的烘焙咖啡（pike place roast），很难想象40年前那么一个不起眼的咖啡馆如今已经是一个咖啡帝国。在俄勒冈州，我们吃了当地最有名巫术甜品店的烟熏肉甜甜圈（bacon donut）。在加州我们参观了优胜美地和葡萄庄园，租车绕着硅谷转了一天，看到脸书（facebook）、苹果（apple）、谷歌（google）等企业，很难想象几年后的我竟然也在硅谷的核心地带开始科技创业。在拉斯维加斯，因为Nathaniel的行程结束，需要回英国录音，我们俩就分开了。分别的时候特别不舍。他把他的三张专辑都送给了我，还把喷黑熊和野兽用的辣椒喷雾、自卫用的电棍、瑞士军刀和太空食品都给了我。他说要是我去英国，一定要找他，他一定会热情接待；我说你要是来中国，我当向导，吃住全包。

一个人的旅行又开始了。我已经慢慢有了些经验，遇事也不至于慌神。在科罗拉多州，我遇到一个叫David的瑞士人。当时只是同住青年旅社上下层，我又饿又累，没想到他去厨房做饭的时候特意为我而多做了一份。蔬菜很清淡无味，但是自此我们竟成了最好的朋友，一直到我去环游欧洲，他都成了我在阿尔卑斯山的私人向导，直到现在我们还在脸书上通信，偶尔还会寄环游世界时的明信片。同屋，还有一个靠“搭便车”（Hitchhiking）环游美国的神人。他家住加州，学校在俄亥俄州，为了省钱好玩，他所有的长途旅行全部是靠“搭便车”蹭车来完成的。他长得很文艺书生气，背着木吉他，一到马路边，就举着大拇指或者举一个牌子，示意他是搭便车的人。听了他的故事和经历，我就拜他为师，想跟着他体验一下搭便车的经历。

我们准备从科罗拉多州的丹佛市搭便车到新墨西哥州的圣塔菲。第二天我换上干净的衣服，跟他一起走到出城的公路边，开始等车。他告诉我一定要在公路出城的转盘前面等着搭便车，并给出了理由和建议：1. 路过这儿的车最可能是跑长途的；2. 在出城公路转盘那里，车速比较慢，人们能看到搭便车的人和他们举的牌子上的目的地；3. 要给人5~10秒钟的思考时间，这个时候车很可能开到距你几百米的地方停下，为此你要快速反应，招手或者向他们奔跑；4. 最有可能搭载我们的是，曾经有过搭便车经历的人或者开着一般牌子车的单身男人和女人。他说作为搭便车者一定要穿得朴素干净，让人感觉无公害；另外上车后，有义务在车上跟别人聊天，消磨时光。的确，那些开着豪车的人完全不会理会我们，甚至会加速。老年人、太年轻的人和女人都会忽略我们。那些开着皮卡或者一般牌子车的30~40岁的白人男性和嬉皮士是我们最大的希望。第一次，我们等了半个小时，就有一个30岁左右的年轻人开着破烂的皮卡载上我们。他曾经不仅搭便车，还扒过火车环游美国。就这样，开了两个多小时，在某个路口，因他的路线与我们不同，我们下车分开。在那个路口下来后，我们继续等在路边，找下一程的便车。过了一个多小时，一个单身中年女性把车停下，载上我们。原来她年轻的时候也经常搭便车。她说80年代的美国比现在更加自由不羁，嬉皮士文化大行其道，成了那一代人酷的象征。然后她开始讲述她女儿吸毒，她帮助女儿戒毒的故事；讲到她自己患乳腺癌，爱上有妇之夫的主治医生的神奇经历。乳腺癌治愈后，她和医生也因为各种原因分手了，她女儿又吸毒。她忍痛和女儿切断关系后，开始抚养自己的外孙，即她女儿的儿子。讲到悲伤之处，她也开始伤心。我们开始安慰她，佩服她的勇气和坚强，一路陪她聊天，充当她的倾听者，消解她的寂寞。在某个路口，我们下车后，继续下一程的搭便车。等了两个小时后，终于有一辆车停下来，我们非常开心。车主和他的夫人抱着披萨饼下了车，我真开心，又有披萨吃又能搭便车，太爽了。打开披萨饼盒子，里面有一块比萨被咬过，剩下的都很完整。结果正要吃，他们就走了。原来他们是可怜我们没吃的，但是不会搭载我们。看着他们的车远远离去，我们既高兴又失落。就这样，经过五次的搭便车的接力赛，我居然也成功到达新墨西哥州的圣塔菲。教我搭便车的“师傅”也要继续南下去墨西哥探险。我们交换信息后，他给我一个大大的拥抱。“很少有亚洲人像你这样无拘无束，敢一个人这样探索，搭便车的。你已经从‘搭便车技校’毕业了，以后要是遇到想搭便车的人，一旦你决定他是真实善良的，就让他们搭一下便车。”

就这样，我一路搭灰狗巴士，一路搭便车成功环游美国。中途在新奥尔良餐馆吃饭，遇到一个美国的电影编剧。他听了我的经历，想让我把沿途见闻和经历，包括遇到一个试图偷走我ipad的三个黑人，一个试图偷我行包的美国石油工人，一对给我免费地方住并给我做早餐的美国老年夫妇等写成剧本，由他来改编剧本。

两个月后，我已经环游美国11,000英里（17,000公里）。当我再次回到学校，站在导师面前的时候，他简直不敢相信我怎么会晒得那么黑。这一次经历让我看到美国的几乎所有重要的自然景观、宗教文化和风土人情，认识了美国各个阶层的人，看到他们的喜怒哀乐，也结识了大量美国和全世界的朋友，知道原来生活还有很多不一样的过法。

纽约重生

完成博士论文，我一个人开着车，载着所有的家当来到纽约曼哈顿岛，进入康奈尔大学医学院继续深造。“如果你爱他，送他去纽约，因为那里是天堂。如果你恨他，送他去纽约，因为那里是地狱。”回过头去看，这句话太恰当了。作为世界的经济、金融、文化、艺术、媒体和时尚中心，纽约聚集着全世界最多样化的顶级人才，在这里你能吃到所有的正宗的各国美食，看到所有的肤色和发色，听到这个星球上几乎所有的方言，欣赏到全世界所有地区几乎所有时代的古迹藏品和艺术作品。在纽约，大家都说“If you can make it here, you can make it anywhere.”。（如果你能在纽约立足，你就能在世界上任何一个地方立足。）纽约人也都心高气傲地觉得自己是宇宙中心。在纽约工作的第一天早上，我发现我在曼哈顿大街上行走的脚步完全赶不上其他人的脚步，这才对纽约速度有了最切身的体会。以至于花了两三个月的时间，我走路的速度才和周围人匹配起来。

康奈尔医学院就在曼哈顿的上东区，是全美国夫人最聚集的地方，与洛克菲勒大学和斯隆凯特琳癌症中心毗邻而建。我每天都是从早忙到晚，做癌症测序和分析。但每到周四中午，洛克菲勒大学就会请来世界上著名的音乐家进行演奏和歌唱，我们也会把时间腾出来，去享受免费的午间音乐会。附近的索斯比拍卖行时不时也会在午间向公众展示即将进行拍卖的世界名画，我们也会跑过去边吃午餐边欣赏谈论那些价值上千万甚至上亿美元的油画。到了周末，康奈尔医学院也会给学生分发一些非常便宜的各种演出福利票，20美元就可以去听纽约爱乐乐团的交响乐，或者去最著名的大都会歌剧院欣赏意大利歌剧或者德国歌剧，或者去中央公园去看英国人演的莎士比亚戏剧，或者去百老汇去看各种音乐剧。可以说在曼哈顿，我就被世界文化和艺术包围着。

可是很多时候，我很困惑。我在中国接受的教育里面，艺术、音乐几乎是可有可无之物，正常的义务教育和大学教育在这方面给我的知识几乎为零。另外，我对世界地理和世界文化的理解与我从书本上得到的信息又有非常大的差距。这些差距大到我怀疑写教材的教授或者老师可能自己都没有出过国，更不用说自己走一走、看一看，再思考。这个时候我做了一个决定，决定利用每周空闲时候，利用纽约丰厚的艺术馆和博物馆资源重新学习艺术和音乐、世界地理、世界历史和文化。

为了弥补我过去20多年来在艺术、音乐、世界文化和历史教育上的欠缺，我自费在世界四大博物馆之一的“纽约大都会艺术博物馆”Metropolitan Museum of Art报名上世界艺术和历史课，在四大现代艺术博物馆之一的“纽约现代艺术博物馆”［Museum of Modern Art（MoMA）］里学习现代艺术史和创作。我订阅了卡耐基音乐大厅一整年的学生年票和大都会歌剧院一整年的歌剧票。以我当时的收入，这是一笔不小的支出，但现在看来，却是我对自己最好的一次投资。从对艺术不太懂到学完大都会艺术博物馆的世界艺术和历史，到通过资格考试和上岗培训，我成了这个闻名遐迩的博物馆的义务讲解员。和我一起上岗的都是纽约家财万贯的老头子老太太。他们中甚至有人把自己的收藏捐赠给博物馆，她们热爱艺术，闲来没事就一起当博物馆的讲解员。我的父母很不理解，为什么还有人这么拼命地去做一件不赚钱还倒赔钱的事情。但是这个经历却让我收获了对全世界艺术和历史的广泛认识，以至于我后来背包环游欧洲时，在其他的艺术博物馆里我也能如数家珍，一眼区分出伦勃朗和维米尔的画，认出塞尚和马蒂斯的作品，说出毕加索蓝色时期、粉色时期和立方主义的风格，也意识到科学和艺术真正相通的地方在于对旧模式、旧理论的挑战，创造新的理论和方法，对自然和自我都有全新的认识。

在纽约的那段时期，也是我开始对各种类型音乐着迷的时期。纽约处处有音乐和用音乐讨生活的艺术家，几乎每个地铁站都被好几个乐团占据着，演奏各种风格的音乐。地铁里也有人演奏民族音乐，街边有打击乐，公园里有人用歌剧咏唱，百老汇有商业歌舞剧，外百老汇有本地的小型歌舞剧，林肯中心和卡耐基音乐大厅也有来自全世界的最优秀音乐家的演奏，而最让我震撼的是歌剧这样一种音乐或者艺术形式。要不是在纽约，我一辈子估计不会进到歌剧院，也不会体会到这么让人震撼的现场表演方式。超过50人的交响乐团在剧场台子下面现场演奏，台子上面歌剧家们又演又唱有时还要做高难度动作，而台后是上百人的团队在启动机器变换各种剧场装置。到现在我还记得我买了瓦格纳的《尼伯龙根的指环》四部剧的套票，花了4天，看了超过20个小时才看完这部歌剧史诗。当时，每天晚上6点钟就去看歌剧，凌晨12点多才从剧场出来，路过灯火辉煌车水马龙的时代广场，这才从刚才的歌剧中抽离出来，惊觉这部歌剧一定是人类艺术的巅峰之一。在最后一部《众神的黄昏》格局中，当我看到齐格弗里德被暗杀的时候，整个歌剧的音乐像地震波一样扑面而来，我的脚和身体都感觉在发麻。当我看到女武神把象征权力和金钱的指环扔进莱茵河，用一把火烧向天庭时，观众席中的我能够感受到真实火焰的热浪迎面而来。当剧台上方悬挂的天庭上诸神的雕像现场真实爆炸时，象征腐朽制度的天庭崩塌了，我能感觉到地板也在震动，观众席中甚至有一些不安的惊叫。无论是音乐、演技，还是现场真实感和剧场的魔幻造型以及整个歌剧的哲学思想，我都非常佩服这些艺术家们的创造力。从那之后，我义无反顾地爱上了古典音乐，爱上了歌剧，爱上了瓦格纳。

在纽约，在科研方面我也有了重要进展。我发现了一种新的癌细胞中普遍缺少的调节细胞分裂周期快慢的新型蛋白，这种蛋白的缺失会导致细胞周期加快。也就是说细胞分裂得很快，细胞组织长得特别快，而癌症细胞早期最重要的一个特点就是分裂快，长得快导致形成早期固体肿瘤。正在我奋战在抗癌研究的前线时，我收到家里的信息，我的婆婆被确诊为胰腺癌。那一天，我的脑子有点炸裂，胰腺癌又被称为癌症之王，确诊后的5年存活率不超过10%！家里人问我各种癌症治疗的问题，我却一个回答不上来。因为我不是临床医生，哪怕我是研究癌症的。婆婆跟我通话时也叮嘱我好好休息，尽早找到办法攻克癌症。这些都让我慢慢认识到基础医学的复杂和医学转化的艰难。我开始去搜寻现在最先进的癌症治疗方法，看了很多的科学论文，问了很多科学家，他们都提到一个词，个性化医学（personalized medicine）或者精准医学（precision medicine）。因为每个人的基因不同，所以他们本身和癌细胞本身对于不同抗癌药物的反应会不同，对癌症药物的吸收、代谢和降解速度及过程也都不相同。如果能够对基因测序，而且了解他们的原理，我们就可以针对每个人制定一套个性化的精准靶向治疗方案，不管是药物种类，还是使用药物的剂量和频率都可以因人而异。就像每个人穿的衣服和鞋子的大小不同一样，药物也是如此。如何根据自身和癌细胞的基因，在第一时间就选对药物，如何增加药物最佳治疗效

果，减少毒副作用会成为下一代癌症治疗的关键。

之后一天夜里7点，我还在实验室里做实验时，收到一条来自国内的短信："你婆婆走了，走的时候很安静。爸爸。"而那时候我刚买了回国的机票，已经准备好回国的文件。没想到从确诊到现在不到半年的时间，我却失去见婆婆最后一面的机会。那天我放下手头的实验事务，动身回家。曼哈顿灯火通明，走在第5大道上，我看到人群在向第5大道第60街的地方汇集。我慢慢看到第5大道苹果店附近围满了人，很多人捧着蜡烛和花自发地向那个地方行进。原来苹果公司的创始人乔布斯去世了!我忍了很久的泪水决堤了。一个是我最亲近的婆婆，她不识字，经历过那么多战争、饥荒和运动，却靠着自己的生存智慧拉扯大一家人，供我父亲上大学，享受那一代人最好的大学教育。一个是我最崇拜的企业家，大学辍学，却创办出最伟大的苹果公司和皮克斯动画，引领全球个人电脑、音乐播放器、手机和平板电脑的市场革命。而这两位对我而言非常重要的人物都因为胰腺癌去世，而在世界第一流研究所研究癌症基础医学的我却仍感觉有心无力。

那个周末，我做了一个决定。我想从研究基础医学过渡到研究转化医学、精准医学，最后用商业的手段把基因测序的理念应用到现实中来预防和治疗癌症。我决定申请哈佛大学，那里有全世界最好的医学院和商学院，也有最好的生物信息学和基因遗传学，我希望结合药学、基因测序和商学来做面向大众的转化医学。

哈佛生活

——“爸爸，我被哈佛大学录取了！”

——“祝贺，你婆婆在天之灵知道这个消息会非常开心!”

来波士顿旅游的必去景点就是哈佛大学。我去过两次波士顿，一次是旅游，一次是开会。两次都专程到哈佛大学校园，来感受一下这所学校的氛围和气息。没想到第三次来的时候，我竟然是哈佛大学的学生。

2013年夏天，在进校之前的3个月，我背包环游了欧洲。这一次，更有经验的我给自己设置了一些挑战。我给自己3个月的环欧之旅的预算只有5000美元。所以一路上我尽量用沙发旅行（couchsurfing）在每个城市的本地人家里免费住宿。之前环游美国结识的欧洲朋友几乎都热情邀请

我去他们家玩，就这样我认识了更多的朋友，也有更多的城市可以免费住宿。从葡萄牙的里斯本出发，一直北上环游北欧国家；然后南下穿过阿尔卑斯山脉，到达意大利；然后再次北上环游了东欧；最后南下到达希腊和地中海的爱琴海。

时值欧洲经济危机，非常明显地感受到欧洲青年人上升空间受阻。但是他们的乐观、多语言技能和地球公民的世界观还是让我很佩服。在葡萄牙的首都里斯本，我看到了排着长长队伍在领政府救济金和免费食物的人们；也看到酒吧街灯火不灭，游客们彻夜不归。在西班牙，我被高迪设计的骨头形状的建筑和教堂深深吸引，也被街上到处倒闭关门的门店震惊。在瑞士，我跟着当地人David Busser攀登了阿尔卑斯山，还差一点掉进冰窟窿丧命，幸亏他救了我一命。在法国，我惊叹于巴黎歌剧院里金碧辉煌、富丽堂皇的装修，也感慨这个国家小偷和骗子实在太多。在德国，一名德国的乙级联赛的球员接待我，可是我住进去的第一晚，他就因为踢球拼抢太凶，手臂脱臼。我这个客人就顺带地做了他三天的保姆。在意大利，佛罗伦萨的大街小巷都散发着文艺复兴的味道，可是当地年轻人反全球化游行和脱欧游行也让我看到他们这一代人的困扰。在挪威，有一晚我错过最后一班火车，面对400欧元一晚的旅馆费，我跟着一群背包客露宿街头，却见识极昼奇观——看到了晚上11点多才下落的、凌晨1点就升起的太阳！在瑞典，我拜访了诺贝尔奖博物馆，膜拜了一下各位学术巨人。在波兰，我亲眼看到奥斯维辛集中营里毒气室墙上留下的恐怖手指抓印，深深地震惊于人性的邪恶可以达到一个什么程度。联想到中国的南京大屠杀，那一天我第一次在旅途中流泪，为曾经受难的犹太人和南京人，以及所有经历过大屠杀和战争恐惧的人们。在塞尔维亚，我经历了被警察驱逐出境的经历，因为我搞错了签证。在保加利亚，我见识了那里的火车居然

可以毫无征兆地停在半路上，把乘客丢在车厢中，而火车头无缘无故消失6个多小时后才出现的奇葩事情。在土耳其看到广场上的抗议运动，于返程，碰到从叙利亚逃亡出来的一个男子。为了躲避边境警察的检查，火车一有动静他就躲进洗手间。出于人道主义，我希望他能从战争中逃生。通过与他谈话，才第一次了解到他的三个兄弟姐妹都死于战争，叙利亚正在发生内战和人道主义危机。在希腊，我看到传说中的雅典娜神庙。面对大海，看着月光下的卫城，听着希腊人的民谣，我也开始思考为什么西方的文明会起源于此。三个月的快速成长和历史、地理、文化大补课就这样结束，我该收心了。

来到哈佛大学，通过跟学校和系主任几次谈判协商，我给自己设置的课程分为两部分，三分之二是生物统计和生物信息学习，三分之一是商业学习；如果还有精力就修一两门经济学和艺术创作。这样大胆和与众不同的课程设计显然很难通过学校和学院教务处的审核。于是，每个学期开始，我就跟学校的相关教授和行政人员软磨硬泡，终于说服他们我这样自我设计的目的是为了更好地服务我自己的职业规划和创业生涯。这个过程很艰辛，也让我看到传统大学和研究生教育的僵化之处，哪怕是哈佛大学也很难给学生足够的自由来参与课程和学业设计。这也让我想象到未来，哈佛大学要想在教育上保持持续领先，一定要在教育课程设计和规划体系上持续探索和创新。还有一种比哈佛大学更好更灵活的教育体系。

我对哈佛大学第一印象就是同学们都很聪明，很多人经历和阅历都丰富，多才多艺，十八般武艺样样精通。我的室友马同学是从北大数学系毕业，得过数学奥林匹克金牌。他平时酷爱看小说和电影，上知天文下知地理，还能烧一手好菜。跟他住在一起真是有福气。平时作业要是不会做我就找他讨论，考试前他也会帮我复习。早上他会煮咖啡，晚上回家，他还会烧一桌好饭菜，我就只有吃饭和洗碗的份。到了周末，我们也会一起看看电影，做做饭，跑跑步，约几个朋友玩一下德州扑克。但哈佛大学给我的另一个感觉是清高的人比例偏多，很多人有一种唯我独尊的感觉。这可能是社会对于哈佛大学的宠幸导致的。每年美国的媒体都会报道贫困家庭的学生考上哈佛大学的辛酸路。但是数据统计，如果出生于中上产阶级，那么进入哈佛大学的几率要明显高出中下产阶级好几倍！也可说贫富差距的分化让教育资源更加不平等的现象在美国非常严重。比如2015年美国家庭的年收入的中位数在5.2万美元左右，而哈佛大学学生的家庭年收入中位数却在13万美元以上。其中哈佛大学学生家庭年收入超过25万美元的占到总家庭的34%！更是有25%的学生，其父母或家人也毕业于哈佛大学！这可谓是美国版本的“寒门难出贵子”。

第二印象就是作业量和阅读量果然巨大。生物统计和生物信息学的作业量本身就多，我经常一整晚都在机房做作业，凌晨12点才回家，回到家发现室友也正在做作业。而我们的小组讨论和小组课题查漏补缺也经常安排在凌晨进行。商学院的阅读量巨大，每一个商学院案例正文一般10页左右，加上附录和图标以及需要计算的东西，一个案例通常有20多页。而且这仅仅是案例，还不包括书本内容、课件、补充论文和相关新闻。如果全部要看的话，按照我的阅读速度要大半天才能完成。而且读完后还要深入理解、计算相关内容、挑战里面的理论、给出自己的方案、提出自己的问题……这些事情就更加花时间。两年半后，我发现我已经养成了熬夜的习惯。对于喜欢旅游的我来说，在哈佛大学两年的时间里，我几乎没有时间去波士顿市区里仔细逛逛，每周的活动范围就是公共卫生学院和医学院校区、商学院校区、主校区和寝室附近。以至于毕业后带父母游玩波士顿时，我还有种第一次来这个城市的感觉。

第三印象就是这里的课堂讨论和评判标准。在美国课堂上，教授一般鼓励理论创新，鼓励质疑权威。尤其是那些还没有盖棺定论的东西，如果你只是顺从和肯定现有流行理论，那么你最多能拿70分。如果你能提出自己的见解，质疑现有理论可能存在的种种破绽， 那么你能得80分。如果你能另辟蹊径，创造一种完全不同的理论和见解，哪怕这个理论也不完美，那么你照样能够拿到最高分。这在生物学、医学、人文科学、经济学、商学，甚至传统数理化方面都是一样。有些教授甚至不给参考教科书，因为觉得教科书会固化人的思维，给人造成教科书上的真理不可更改的假象。这一点在商学院的案例教学上尤其显著。商学院没有任何官方教材，全部是一个个案例，而且都是开放式的案例；让你成为案例中的主角或者配角来做分析和判断，最后做一个决定。一般教授会抛出一个现有的流行理论，然后课堂讨论上，学生们就会顽皮地跟现有理论“作对”，提出质疑甚至是反面案例来对这个商业理论证伪，而这个时候教授都会很开心。教授用提问的方式启发学生自己思考，自己找到各种各样的答案，而不是给出一个现成答案。我最开始非常不适应，可是一个学期之后就慢慢胆大起来，敢于跟现有理论作对，并自信地提出自己的见解。这种教授鼓励自己思考创新——哪怕这些创新看起来很荒诞或者漏洞百出。质疑权威的风气在艺术、经济和医疗政策课上同样适用。这让我联想到中国的教育。我们把课本的理论当成正确答案，我们的老师也不习惯我们去质疑权威，我们的文化中也缺少真正鼓励甚至赞赏个人去大胆创新。但是如果这些质疑权威的声音和创新的力量里只有1%可以最终成立，那么我们也会有最原始的思想创新、理论创新和科技创新。

记得在哈佛商学院著名的Building and Sustaining a Successful Business（创造并维系一个成功的企业）课上，创造了颠覆式创新（Disruptive Innovation）理论的Christen Clayton教授讲了一个案例，那就是未来教育。100年前，世界的教育和科技中心在德国，那个时候全世界排名最前的大学都是德国的大学，很多美国留学生留学德国学习先进的科学技术创新的哲学思想。那时候哈佛大学还排不到全世界前5名。只是到了一战之后美国的教育和科技创新中心的地位才逐渐建立起来，哈佛大学也一跃成为全球数一数二的大学。但是他担心一百年后，世界最好的大学非常可能不是哈佛大学，而是出现在中国甚至是印度。他甚至大胆预言以传统大学校园教育为主的高等教育有可能被互联网颠覆。也许以后最好的大学是一个网络甚至是手机大学，或者是一个线上加线下的可以个性化定制的教育。“没人知道未来怎么样，但有一点可以肯定，哈佛大学想在教育和科研领域里面保持全球领先的位置，一定要用新的工具和理念，来探索新的教育形式和科研方式。探索也许会走弯路，创新也许会失败，但是不去做这件事情才是最糟糕的决定。”

一年后，哈佛商学院推出网络商务核心课程HBX，我作为哈佛大学的在校生可以第一批以较低的学费享受到最先进的联网互动式的教学。可以说我的体验非常好，超出了自己的预期，让我真正一步一步像做游戏通关一样上完了包括会计、商业战略，以及商业数据和经济分析三门商学院基础课程。这个也许是未来的哈佛大学。全球每个人只要能联网，就能以更低的价格享受到一流的教育资源。

羊绒衫、山羊养殖、沙漠化、沙尘暴和羊驼创业

公共卫生学院和哈佛商学院与哈佛创新实验室共同开了一门课叫Social Entrepreneursh-ip in Public Helath（公共卫生领域的社会企业创业），旨在培养学生从商业和可持续性的角度来解决公共卫生领域的

痛点和难题。学生主要来自于公共卫生、医学、商学和肯尼迪政府学院，一起在哈佛创新实验室（Harvard Innovation Lab，Harvard i-lab）定期上课、交流、讨论。

第一天教授就说，“社会企业并不是非营利组织也不是慈善机构，它是利用商业的模式来可持续地解决社会问题。你们每个人都说说人类社会在公共卫生方面面临的问题。”我来自中国，在我看来，中国现在最紧急的公共卫生问题之一就是环境急剧恶化，其中影响面积最大、影响人数最多的就是雾霾和沙尘暴等空气问题。我所处的公共卫生学院有一个专业就是做环境健康，好多同学就是学习空气颗粒悬浮物对于环境和人体影响的。那段时间，北京刚刚经历了一场史无前例的特大沙尘暴。远在北京的姐姐告诉我，沙尘暴每年都有，但是这一次沙尘暴特别大，沙尘所到之处，暗无天日像世界末日来临一样。在第一次作业中看到提出问题部分时，我开始想研究一下，为什么沙尘暴在中国愈演愈烈，如何用社会企业的形式来解决这一个巨大的公共卫生问题。教授给我这第一次的作业评分很高，也鼓励我去研究调查沙尘暴起因和解决办法。

那段时间，我推掉所有的社交邀请和课外活动，钻到哈佛大学的各个图书馆，下载各种论文，寻找沙尘暴方面相关的资料、线索和数据。经过两个星期的调查，我惊讶地发现有一个关于中国北方内蒙古和蒙古国的草原的卫星图历史记录。过去40年，中国北方和蒙古国的草原在经历外人所不知的大规模沙漠化，从图像可以非常清楚地看到曾经绿色的草原卫星图片，颜色慢慢变淡，然后越变越黄。

越来越多的科学证据表明，中国愈演愈烈的沙尘暴与中国北部及蒙古国的草原沙漠化有直接关系。而大规模的山羊养殖是草场沙漠化的罪魁祸首。过去30年，中国的内蒙古地区和蒙古国渐渐成为全世界最重要的山羊绒的出产地，目前全世界大约80~90%的山羊绒产于这个地区，以至于这个地区的很多牧民开始在草原上大规模养殖山羊这种曾经只生长于山区的外来物种。而山羊特殊的山区食性对于草原的生长和保持简直是毁灭性的破坏。山羊不仅吃草的叶子，还会吃草根，而且会用尖尖的蹄子把草根从土里刨出来，另外山羊食量超大，产出的羊绒量又极少。为了增加羊绒产量，山羊的大规模养殖就像蝗虫一样，所到之处，寸草不生。据世界银行的统计，蒙古国目前大约一半以上的国土现在已经处于半沙漠状态！而在50年前，这里还是风吹草低现牛羊的景象。

沙尘暴成因的逻辑线已经渐渐清楚了。全世界人民对于山羊绒（Cashmere）的喜爱导致了对山羊绒的大量需求。这个需求直接导致了中国和蒙古国的大规模山羊养殖。山羊这种山区动物被引入到中国和蒙古国的草原，破坏草原的自然生态，导致大规模的草原沙漠化和裸土面积越来越大。少了草原防沙防尘和自动清洁空气的功能，在只有裸土和沙漠的情况下，沙尘暴也就愈演愈烈，空气污染也就越来越严重。

在创业课堂上，我演讲自己的研究结果。班上有一个来自蒙古国的哈佛肯尼迪政府学院的学生课后找到我，对我说："谢谢你，蒙古（国）其实已经意识到这个问题的严重性了。"但他又说："该如何解决？总不能让牧民们把山羊全杀了吧，他们的生计该如何维持？蒙古（国）的出口很大一部分就是矿产和山羊绒。不养山羊的话，养什么？"

我和一个香港的同学Doug组成小组，开始寻找能替代山羊的可持续物种。什么物种既能保护环境，又能让牧民们继续维持生计，让经济不至于停滞？我们一头扎进图书馆，阅读大量文献和资料，对物种进行比较。最后两种叫"Alpaca"的动物进入我们的视线。中文翻译为"羊驼""小羊驼"或者"驼羊"，在网络流行语里面他们还叫"草泥马"。

这种动物是骆驼科，比山羊略大，生长于南美洲的安第斯山脉高原和草原上。羊驼足底扁平，只吃草叶不吃草根，对草原的根系破坏很小。他们单位重量的食量和喝水量比山羊少，但是产毛量大，产毛效率是山羊的5~8倍。而且羊驼的毛是中空结构，因此比一般的绒毛的保暖性好得多。可以毫不夸张地说，羊驼全身上下都是宝。当地农民用羊驼运货物，穿羊驼绒织的衣服，羊驼肉也成了当地主要的蛋白质来源。也正是这些非常优秀的特性，羊驼成了南美几个国家畜牧业的主力军。秘鲁的国旗上都有羊驼的身影，连干旱少雨的以色列也要引进羊驼作为他们的畜牧业动物，而纺织业大国如澳大利亚、新西兰和美国都在20年前着手引进了羊驼。到如今，羊驼非常适应所有这些地区的气候，而且没有一个因为羊驼引进而导致草场退化等生态报告。可以说，羊驼是一个各方面属性都非常优秀的、适应能力非常强的可持续物种。

凌晨12点，在递交课堂论文报告的那一刻，我异常兴奋。我感觉我们找到了替代山羊、拯救中国和蒙古大草原、缓解中国沙尘暴和空气污染的一个解药。教授给了我们的结业论文一个“A”，在评语里面他说：“谢谢你们深入研究，找到中国沙尘暴主要原因的各种证据，并提出了可行的解决方案。你们的结论让我信服，我以后也会拒绝买山羊绒的产品，希望对中国环境有一丝贡献。用羊驼养殖取代山羊养殖是一个非常具有创意又非常漫长浩大的工程，但这是一个非常重要的开始，现在是你们去实践你们不可思议的想法的时候了。祝你们好运！”

我们开始思考着，如何让公众从只知道“草泥马”这个网络用语到深入认识羊驼的牲畜属性。只有当大家都知道羊驼原来是可以大规模养殖的，能给各方带来效益，引进羊驼物种这个过程才可以持续性地进行，替代山羊养殖保护草场减少沙尘暴的想法才能真正实现。

我和摩根大通（JP Morgan）的好朋友王怡晨及另一个来自香港的哈佛大学同学陈海翔一拍即合，开始了关于羊驼的社会企业创业。我们画了一组漫画，描述了我们为中国引进羊驼产业的愿景。我们开始到波士顿郊区的各个羊驼农场里和农户打交道，了解关于羊驼及羊驼养殖的一切知识。20多年前，美国也没有羊驼这个物种，但是因为可爱的外形和羊驼毛的优质属性，羊驼被慢慢引进，到如今美国已经有了一整套羊驼养殖的产业链、羊驼评价标准和选美比赛、羊驼毛纺织工业以及羊驼肉类加工基地。2008年金融危机前，在羊驼拍卖会上，品种优良的雄性配种羊驼甚至可以拍出每只20多万美元的价格！金融危机后，羊驼产业的泡沫也开始破灭，很多农场主赖以生存的农场地价大幅下滑，很多甚至资不抵债，羊驼的价格一下子降到谷底。羊驼物种的真正价值才开始被深度挖掘。我们参观的一个羊驼毛加工厂的生意甚至以每年30%的速度增长，一个是羊驼毛价格本身很低，二个是羊驼毛产品的优良性能被认识到。比如羊驼毛织的袜子、手套、毛拖鞋、坐垫和羊驼毛背心成了冬天最受欢迎的产品，用过的人都会赞不绝口成为回头客，也成了口口相传的媒介。羊驼肉加工产业也因为羊驼的价格一落千丈而成为可能，麻省、维蒙特州和明尼苏达州羊驼肉餐馆和羊驼肉干都成了当地的特色产品，吸引着当地的居民和过往的游客。另外，羊驼农场本身也开始开发各种农家乐项目，与学校合作举行学习各种诸如剪羊驼毛的主题活动，增加学生的课外兴趣。一个个曾经不存在的羊驼玩法也开始在美国流行起来。另外我在哈佛医学院的同学告诉我，羊驼身体里面的纳米抗体是所有生物抗体里面最小的，而且这种抗体不仅比一般的生物抗体小而且特异性也好。这样在针对某些特定疾病的时候，羊驼的纳米抗体可以发挥神效，治愈疾病。最新的一些科学论文也证实了，羊驼的纳米抗体非常可能是新一代的抗癌新药，已经有公司的羊驼纳米抗体在进行临床医学试验了！

每天，我都在学习羊驼，深入了解羊驼的文化、历史、经济、生理、养殖和医学。有一天，我在征求一个哈佛大学教授的商业建议，当我对他讲出羊驼这所有方面的时候，他说：“叩，你不一定是这个世界上最了解羊驼的专家，但你一定是哈佛最了解羊驼的学生，你的这种快速学习和实践的能力正是哈佛能给你最好的教育。我为你感到鼓舞！我会加入你们团队。”是啊，半年前，我对羊驼的认识只有“草泥马”，但如今，在阅读无数资料和书籍，拜访十几家羊驼农场、选秀场和羊驼产业工厂后，我几乎成了羊驼的半个专家。连我自己都没有意识到，这不就是我能接受的最好教育吗？有了兴趣，有了目的，学习就是一件主动快乐的事情；虽然会很辛苦，经历很多的挫折，也会面对很多外界的不理解，但是这一切都是值得的。

我和团队开始把羊驼产业写成社会企业商业计划书，希望把羊驼产业一点点引进中国，也唤起大家对羊驼的重新认识，对环境保护的关注和对消费主义的反思。当我把这个计划告诉远在杭州的同学时，他非常兴奋，就告诉了他的妻子。他妻子正好是一个媒体的记者，就把这个消息告诉了另一个记者。那位记者联系上我之后，问了我很多问题，我没多想，全都如实回答。

接下来，一些媒体有关我的报道，其扩散速度之快完全出乎我的意料，更为甚的是有关标题骇人听闻，成了《哈佛中国学生辍学卖羊驼肉！》。某门户网站弹出新闻框里面的这条新闻几乎让我家炸开了！我妈妈在家里上网看到，差点被吓成心脏病。父母还真信了新闻，害怕我要辍学。好在当天晚上，我跟家人讲明了一切来龙去脉，他们才确信我从来没说过我要辍学。新闻持续发酵，我几乎成了那个季度的小网红。

好吧。媒体的力量，我是亲身体验到了。看着评论里面各种稀奇古怪的议论，我有点哭笑不得。对于媒体，我很矛盾。我既感谢媒体的关注使得羊驼物种被重新关注，又害怕媒体片面的报道和网友的议论让人们不能看到我努力的全部过程，不明白其中的来龙去脉。因为仅有的投资人不愿意投资这样全新的社会企业创业项目，在我们靠着自己力量卖了一季羊驼毛产品和羊驼肉制品之后，我们的团队也暂停了这个项目。但我坚信，当我有足够力量和资源的那一天，我会重新启动这个也许不会赚太多钱的长期项目。我希望往中国引进羊驼产业，取代山羊养殖，为中国的草场和环境做一份贡献的愿景永远都不会变。

基因测序、中美差异、精准美容、Y Combinator、Skinome

2015年从哈佛公共卫生学院毕业后，我进入了一家起源于哈佛医学院的基因测序科技初创公司Veritas Genetics奕真生物科技公司。公司创始人之一George Church也是人类基因组测序计划的早期提议和领导者之一。在哈佛读书期间，我修过他的基因组和生物信息学的课，也曾经有过把他实验室的项目商业化的想法。可是当我知道哈佛大学的个人基因组项目（Personal Genome Project，PGP）已经开始商业化的时候，我就决定加入他们团队。在哈佛商学院的一次会议上面，我正好碰到哈佛医学院毕业的师姐，她现在是一个生物医药基金的投资人，正好投资了这家公司，她也推荐这家公司给我。几次交流下来，我进入这家初创公司，这一切都像是缘分注定一样。

很多人说我太幸运，还没毕业就找到一份很好的高科技创业公司的工作。但是只有我自己明白，这是我10多年来一直努力、一直奋斗的方向。从2000年我高中时第一次听到人类基因图谱的完成，到高考填志愿报考生物医学工程，再到毕业后直接来美国读博士深入研究生物医药，直到投身哈佛大学学习生物信息，创办哈佛大学第一个精准医学学生社团。这是15年如一日的坚持和厚积薄发。也有过犹豫，又走过弯路，甚至迷过路，但从未想过放弃。

在初创公司意味着，没有太多的人给你特定的指令，一切靠自我动力，有时候项目的最后期限来了就得拼命。公司希望不仅能在美国立足，也能到中国拓展业务。听着中国区总裁的话，我内心很激动，这也是我想做的事情，就跟着他飞到国内开始创业。我几乎是从美国毕业后直接空降上海的。

从波士顿到上海，感觉像是两个天地。波士顿安静内敛，玲珑小巧，因为哈佛大学和麻省理工学院都在这里，所以整个城市都有点象牙塔和世外桃源的感觉。上海则是财大气粗，竭尽全力展示自己的肌肉，中国过去30年经济上的突飞猛进在上海一览无余。波士顿的地铁修建于100多年前，很多车厢又老又旧，但因为客流量没那么大，虽然慢，但还是能够工作。上海地铁则是干净整洁，但是人潮汹涌。在人民广场站看到黑压压的人群，我的心跳都会加速，而且在那里经常迷路。波士顿地铁里还是有很多人还在读报纸，看纸质书，但在上海的地铁里，几乎是清一色的看手机一族。与波士顿的同学和朋友谈话，我们会谈到各种各样的旅游、美食、音乐、电影、科学、哲学和艺术。在上海和同学、朋友谈话总是会从各种话题开始，但几乎都以飞涨的物价和高得离谱的房价而结束。

回国居住创业半年的经验让我既兴奋又迷惑。我2006年来美国读书时，中国还没有那么高的房价。在武汉一碗热干面只要1块钱，一个月的校外房子租金只要300元。10年后的武汉的一碗热干面要5块，相同房子的租金要2000。上海就更贵了，在静安区的一顿午饭要花掉50元，租金超过5000元。这几乎赶上波士顿的物价水平了！

我突然意识到，在中国的大环境里，绝大多数人不为衣食而忧，但被“住、行、医”这3个基本生存要素深深困扰。没房没车让中国的年轻人失去安全感，医疗资源的稀缺和分布不均所带来的价格昂贵可以让中产阶级一病返贫。这个国家的超高房价会不会已经开始堵塞中国年轻人的上升通道呢？我们这一代80后和90后的年轻人还有像我们父辈一样宽广的上升空间吗？过去30年中国经济的快速发展导致的财富大量聚集和集团化会不会导致社会阶层越来越固化？农村的孩子、城镇弱势群体的孩子还会有平等的机会吗？

在公司里，我也能感受到中美文化的差异。因为想法比较简单，说话比较直接，得罪了好些人。这也让我吃了不少苦头，晚上睡觉前还倍感委屈，心里自艾自怜：“一个哈佛毕业的中国学生回国创业居然沦落到如此地步！”但是因为对这个事业的热爱和恪守自己的承诺，第二天又精神百倍地去工作，继续学习复杂的人际关系和处世哲学，偶尔犯错，偶尔流血，慢慢地也开始重新适应国内的文化，找到工作生活的节奏了。

在工作过程中我常常反思，慢慢意识到基因测序商业化的一些需要继续解决的问题。一个是，没有基因测序产业的标准化，监管的标准化不清楚不透明；二个是，在基因科学方面，市场的教育程度和医生的认知程度都不高；三个就是，基因测序可以给大众解决的具体问题不够清楚，市场痛点很难找准。我自己的本行是精准医学，精准医学最核心的就是用基因测序和蛋白测序来指导个性化的用药种类、剂量和策略。但是医药创新周期长，成本昂贵。平均说来，一个新药问世要花大约10年时间和10亿美元，而基于新药的精准医学可能需要更长的时间。

回国时，我带给妈妈一瓶在美国买的伊丽莎白雅顿的护肤品。可是妈妈用过之后皮肤红肿，非常不适应，就跟我说以后别花钱给她买美国的护肤品了。我非常惊讶，我说："这一瓶在美国也要一百多美元啊，这么贵的东西怎么会出现这样的后果？"身为医生的妈妈说："这都是为美国白人设计的护肤品，亚洲人肤色肤质和白人都不一样，对护肤品的成分要求和反应也会不一样，你不是学基因测序的吗？你比我懂啊。"

一番话让我豁然开朗，没有想到的是这100多美元的失败的礼物成了我下一段旅程的全新起点。因为我自己就是学基因测序的，晚上，我就开始研究与皮肤相关的基因、护肤品的成分，以及美容产业的商业模式。我惊讶地发现传统的美容护肤品制造商的研发模式原来如此陈旧，且没有严格的科学性。在全世界，美容护肤品大品牌原来仅仅只花了3%的利润用于科学研发，这和药厂的占利润30%的研发成本有着天壤之别。而且最为惊讶的是，创制防晒霜、美容护肤品居然不受FDA的监管！很多配方就是靠经验甚至是想象做出来的，有没有效果，有没有科学数据和指导都没人知道！

与此同时，我开始研究皮肤基因。回到美国期间，我开始系统性地阅读皮肤基因组的文献，和哈佛大学研究皮肤基因以及皮肤癌的世界上最权威科学家进行交流合作。我们开始意识到，我们完全可以用精准医学的最先进的方法学和研究成果来改造美容护肤产业！

最初，我跟公司的上司讲希望公司能做这方面的投入，这个方向非常新而且非常有前景。可在初创公司，人力、物力各种资源有限，公司很难分心。但公司中中美两方的CEO都非常支持我个人做这样的项目，只要我能完成公司的任务，剩余时间都给我自己，给予我必要的支持。公司CEO对我的支持让我非常感激。这样我白天工作，下了班继续工作。室友觉得我太辛苦了，可是对于我，却无比快乐。因为这是我的兴趣、专长所在。当我在做一件全世界几乎没有人做的新的事物的时候，那种激动和兴奋是旁人很难体验到的。就这样，每天早上7:30起床，凌晨12点睡觉，其余时间全部在工作的日子持续了大半年。我们给项目取名Skinome。Skin是皮肤的意思，后缀ome是基因组学Genome的后缀。我们希望用每个人的皮肤基因组数据来作为依据，给每个人配制最适合个人皮肤的配方，定制个性化的美容护肤产品。我们想用最先进的精准医学的方法学和基因科学来给美容护肤产业插上基因科技的翅膀。

一天，硅谷最著名的风险投资孵化器，号称“创业者的哈佛”的Y Combinator（YC）给我发信，信中通知我们精准美容Skinome项目被YC录取并被投资。那一刻我有点懵。这是真的吗？我们当初申请YC几乎是不抱希望的，只是期待能借助申请的过程打磨我们的创业思路和创业计划书。只是后来才知道当年YC的录取率只有低得惊人的1.8%，这比哈佛大学5%的录取率还要低得多！在短短10年里面，YC投资的1000家公司的集体估值已经超过800亿美元，其中包括分享经济创业公司的鼻祖Airbnb、云计算和存储公司Dropbox、网上社区Reddit等一系列耳熟能详的初创公司。YC的创始人Paul Graham从哈佛大学毕业后几次创业失败，于是想着用自己的创业经验和失败的教训帮助启发后来的创业者，避免他们重蹈覆辙。就是这样一个简单的帮助早期创业者的理念，YC创造了创业企业孵化器（incubator）的新商业模式，YC的很多规矩已经成了全世界孵化器和风险投资的行业标准和规则。比如其SAFE这种投资法律条文模板，已经成了硅谷天使投资和种子投资的标准文件；YC的Demo

Day已经成了全世界初创企业孵化器Demo Day的模板；YC极其注重打磨产品，挖掘用户需求，注重用户体验和用户增长的核心理念也慢慢成了所有创业者都认可和遵循的基本规律。在硅谷有一个笑话，硅谷的初创公司分为Paypal帮、YC帮和其他。在波士顿，有多少个团队能入选YC甚至成了哈佛大学和麻省理工学院这两所学校创业圈里每年暗中较劲的竞赛。

7月份，我和团队来到硅谷，希望能够在这个创业者的天堂里，在YC的指导和培训下，和最优秀的创业者一起学习，互相启发，创造未来。在这里的创业者满脑子里都想着未来。如果你想象中的未来是什么样子，那么放手去做，慢慢未来就会因为你的努力而成为你想象中的样子。走在硅谷的山景城，看着路上自动驾驶车中的人们不是握着方向盘而是拿着电脑在工作，我无限感慨；走在杭州的创业小区里，看着晚上10点钟还灯火通明的楼房，我无限感慨；在哈佛创新实验室Harvard i-lab和麻省理工学院多媒体实验室（MIT Media Lab）看着那些科幻般的产品原型和咖啡机前排着队的人群，我无限感慨。

未来会是怎样？这个问题也许太大。但在我的领域里，我想象着在未来的世界里，每个人的基因组都能得到测序和解读，Skinome会根据这些信息制定一切与皮肤相关的个性化产品，从防晒霜到保湿霜，从抗衰老精华到去痘痘清洁液，从牙膏到洗发露，都能因为个人基因信息的获取而得到个性化的定制产品。这是我个人的梦想，我眼中的未来，这也呼应了中国现阶段的消费升级，制造业升级，去过剩产能的大国梦想。

能生在这样一个大时代，接受中美两国最好教育，顺应时代大潮流是我和同龄人莫大的幸运。在感恩的同时，我也希望尽自己的力量，和同龄人一起让未来成为我们想象中的美好样子。

我们就是未来。